일본 인기 과자공방 '루스루스'의
쿠키 레시피 48

자꾸만 만들고 싶은 쿠키책

닛타 아유코 지음 ● 송혜진 옮김

들 어 가 며

과자공방 루스루스는 2006년 10월 히가시아자부에 있는 도쿄 타워 거리에 문을 열었습니다.
가게를 찾아온 손님들은 누군가를 생각하면서, 갖가지 구움 과자들 중에 마음에 드는 것을 골라 가지요.
저도 종종 받을 상대를 상상하면서 손님들과 같이 이것저것 골라 담아보곤 합니다.
손님 분들과 누군가를 생각하는 마음을 나누며, 하루하루 더 잘 만들어보자 마음을 다졌기 때문에 우리들의 과자가 더 맛있어지는 게 아닐까 생각합니다.

과자 교실에서는 학생 여러분의 다양한 마음들을 담아서, 진지하면서도 즐겁게 과자를 만들고 있습니다.
과자에는 '누군가를 생각하는 마음의 공간'이 있는 것 같습니다. 저는 이것이 맛있는 과자를 만드는 가장 큰 포인트라고 생각해요.

'만든다'는 것은 적당히 해서는 잘 되지도 않고, 간단하지도 않습니다.
다만 신기한 것은 '잘 만들고 싶다' 혹은 '받고 기뻐했으면 좋겠다' 등 어떤 마음을 담느냐에 따라 결과물이 완전히 달라진다는 점입니다. 마음을 담으면 과정 하나하나 소중히, 정성스럽게 만들게 되어서일까요.

이 책에서 다루는 과자 종류는 다채롭게 즐기실 수 있도록 모양과 크기, 식감 등에서 다양한 응용 버전을 소개하고 있습니다.
우선 책을 펼치고 마음에 드는 것부터 만들어보세요.
그리고 그것을 소중히 보관해둔 틴 케이스나 상자에 담아보세요.
어렵게 생각할 것 없이, 소중한 누군가를 생각하며 쿠키를 구워보세요.

굽는 시간은 곧 누군가를 생각하는 시간입니다.
이 책이 그 마음에 보탬이 될 수 있다면 정말 기쁘겠습니다.

과자공방 루스루스
닛타 아유코

Contents

● **이 책의 사용법**

· 오븐의 온도와 시간은 가스 오븐을 기준으로 합니다. 열원과 종류에 따라 굽기에 차이가 날 수 있으니, 각자의 오븐에 맞게 조정해서 구워주세요.

· 달걀은 대형란을 사용합니다. 달걀 하나는 60g, 달걀노른자는 20g, 달걀 흰자는 40g입니다. 계량을 할 때 이를 기억해두면 편리합니다.

· 모든 재료는 그램으로 표기합니다. 소수점 이하까지 측정할 수 있는 전자 저울로 정확하게 계량해주세요.

과자공방 루스루스는?

루스루스 히가시아자부점은 빌딩으로 둘러싸인 도시의 한쪽에 있는 조그마한 디저트 숍입니다.

오너 자매가 이곳에서 과자 교실을 연 것이 지금으로부터 10년 전의 이야기입니다. 처음에는 과자 교실에서 만든 과자를 소개하기 위해 주말마다 조금씩 판매하기 시작했지요. 그런데 감사하게도 매 주말마다 과자를 사러 와주시는 손님들이 점점 늘어나서, 숍과 과자 교실을 함께 경영하게 되었습니다.

지금은 카페 공간과 공방, 과자 교실을 갖추고 있는 아사쿠사점, 수많은 유명 맛집들이 즐비한 긴자의 마츠야 백화점 등 지점이 늘어나 함께 일하는 직원들도 많아졌습니다. 하지만 여전히 10년 전과 동일한 것은 언제나 과자를 정성스럽게 만들고 있으며, 막 구워져 나온 가장 맛있는 과자를 판매한다는 것입니다.

오랫동안 과자 교실을 운영하면서, 소중한 사람을 생각하는 애정 어린 마음이 과자를 맛있게 만든다는 것을 실감했기 때문이지요. 진심으로 기뻐해줬으면 좋겠다는 마음을 담아 하나하나 정성스럽게 공방에서 매일 과자를 만들고 있습니다.

루스루스는 프랑스어로 '기원', '발신'이라는 뜻의 단어입니다. 루스루스는 맛있는 과자 만들기의 본질을 소중히 여기고 만드는 사람과 손님의 미소가 연결되는 공간입니다. 과자공방 루스루스는 각자의 자리에서 변하지 않는 맛을 전하고 있습니다.

클래식하고 빈티지한 분위기의 아사쿠사점. 진열대에는 신선한 디저트와 쿠키, 제철 과일을 넣고 구운 머핀과 타르트가 진열되어 있다.

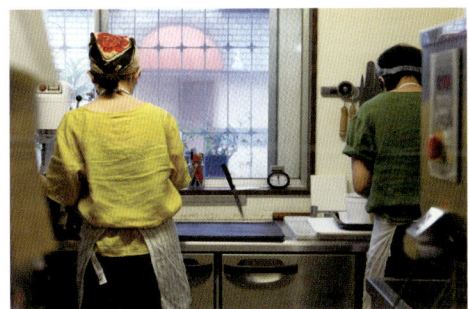

왼쪽. 아사쿠사점에서는 원데이클래스와 코스로 나누어 과자 교실을 연다.
학생들이 작성한 노트에는 자세한 과정 사진들과 함께 만드는 요령들이 적혀 있다.
오른쪽. 유니폼은 노란색으로 맞추었다.

왼쪽. 카페 공간을 고택 같은 분위기의 인테리어로 꾸며서, 남녀노소 편안하게 쉴 수 있는 느낌이다.
오른쪽 위. 가정집을 개조해 집 같은 분위기를 낸 히가시아자부점. 주 3일만 문을 여는데, 매번 개점일을
기다리는 손님들도 많다고 한다.
오른쪽 아래. 히가시아자부점의 진열대 모습. 지점은 달라도 같은 과자들이 진열되어 있다.

카페에서 파는 쿠키처럼 만드는 요령

병에 가지런히 예쁘게 담겨 있는 카페의 쿠키. 간단한 재료를 섞어서 굽는 것이 전부지만 '예쁘게, 맛있게' 만드는 건 의외로 어렵습니다. 여기에서는 집에서도 카페에서 파는 쿠키처럼 만들 수 있는 요령을 소개할게요.

가장 중요한 포인트는 버터를 녹이지 않는 것!

입에 넣는 순간 사각사각 씹히는 식감과 입 안에서 사르르 녹는 느낌은 버터의 상태에 따라 좌우됩니다. 버터는 실온에 놓아두거나 전자레인지에 넣고 해동하되, 액체 상태가 아니라 크림 같은 상태로 만들어 씁니다. 고무 주걱이 쑥 들어갈 정도를 기준으로 삼고, 그보다 더 녹지 않도록 주의하세요. 반죽을 하는 동안 버터가 녹아버렸다면 얼음물을 대어 차갑게 만들어주세요. 어떨 때는 반죽은 잘 되었는데 모양을 내는 동안 버터가 녹아내리기도 합니다. 반죽이 너무 부드러워졌다면 일단 차갑게 식힌 다음, 무턱대고 손으로 성형하지 말고 밀대로 눌러서 펴는 등 조금만 신경을 써도 결과물이 달라집니다.

반죽할 때의 포인트

달걀은 그램 단위로 재서 사용

정확한 계량은 과자 만들기의 기본입니다. 이 책에서는 달걀을 계량해서 사용합니다. 쿠키 종류에 따라 달걀 전체, 달걀노른자, 달걀흰자 등 구별해서 씁니다. 어떤 경우든 달걀을 잘 풀어서 섞는 것이 포인트입니다.

달걀(대) 크기 = 60g (달걀노른자 = 20g, 달걀흰자 = 40g)
이를 기억해두고 기준으로 삼으세요.

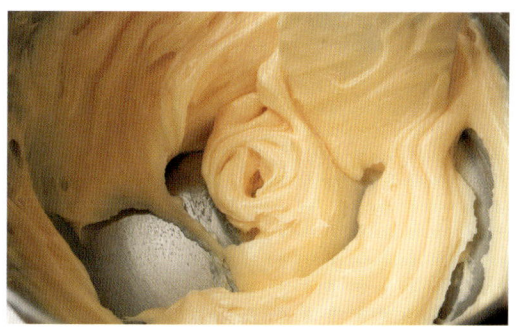

버터와 달걀은 유화시켜서

유화란 마요네즈처럼 유분과 수분이 잘 섞여든 상태를 말합니다. 쿠키를 만들 때는 버터와 달걀을 충분히 유화시켜야 맛있게 만들어집니다. 그래서 달걀을 섞을 때는 조금씩 넣으면서 그때그때 유화를 시켜주는 것이 좋습니다.

일정한 리듬으로 섞어서

가루를 넣었을 때 손으로 반죽을 하면 쿠키 반죽이 딱딱해지는 원인이 됩니다. 가루를 넣고 나서 고무 주걱을 이용해 반죽을 두 번 자르듯 섞은 다음 세 번째에 크게 뒤집어 섞어줍니다. 이를 한 세트로 해서 한 번, 두 번, 세 번이라는 일정한 리듬에 맞춰 효율적으로 반죽을 섞어줍니다. 가루가 더 이상 남지 않을 때까지 반복합니다.

반죽은 균일하게

반죽의 완성은 고무 주걱으로 상태를 균일하게 만들어주는 것입니다. 고무 주걱의 평평한 면을 이용해서 반죽을 조금씩 무너뜨리면서, 앞쪽으로 밀어냅니다. 여러 번 반복해서 전체를 섞어주면 여분의 공기가 빠지고 덩어리진 것이나 거친 부분 없이 부드러운 반죽이 됩니다.

굽기에 대해서

모든 오븐은 안쪽이 더 빨리 달아오르고 문 쪽의 온도는 그보다 천천히 올라가는 등 반죽이 고르게 구워지지 않습니다. 그래서 시간만큼 다 구웠다고 한꺼번에 다 꺼내지 말고, 잘 구워졌는지 하나씩 확인하는 게 좋습니다. 얇은 반죽은 앞과 뒤의 겉면이 노릇노릇해지면 다 구워진 것입니다. 하지만 두꺼운 반죽은 겉만 보아서는 안 되고 하나를 잡고 반으로 갈라 안쪽이 잘 구워졌는지 확인해야 합니다. 설탕이 많이 들어간 쿠키는 오븐에서 꺼내고 난 후에도 잔열로 색이 더 짙어지므로 주의하세요. 충분히 잘 구워진 쿠키는 맛이 오래갑니다. 그래서 하나씩 세심하게 확인하는 것이 중요합니다.

쿠키의 보관과 먹는 시점에 대해서

쿠키는 막 구웠을 때보다 찬찬히 식혀서, 맛이 잘 배어든 시점에 먹는 것이 가장 좋습니다. 어떤 쿠키든 보관을 잘못하면 금방 눅눅해져서 맛이 없어집니다. 습기는 쿠키의 천적이니, 다 굽고 나서 충분히 식힌 다음 밀폐용기에 건조제를 함께 넣어 보관하세요. 건조제는 실리카 젤이든 시트형 건조제든 상관없지만, 상자에 넣을 때는 어디든 넣기 쉬운 시트형 건조제를 추천합니다.

● 이 책에서 레시피를 소개한 쿠키의 보관 기한과 먹는 시점
보관 기한: 상온에서 10일(잼 샌드(89쪽)는 7일)
먹는 시점: 충분히 식힌 후

모양틀 쿠키

기본 반죽은 타르트처럼 바삭한 식감과 단단한 반죽이
특징입니다. 향긋한 버터의 맛을 느낄 수 있는 갈레트와 사블레,
입안에서 사르르 녹는 폴보론Polvorón 등 모양틀을 사용하여
다양한 종류의 쿠키를 만들 수 있습니다.

01.
플레인 쿠키

모양틀 쿠키, 팬 쿠키 등 바삭한
식감이 매력적인 반죽입니다.
만드는 방법 ⇒ 14쪽

01.

플레인 쿠키

| 재료 | 두께 4mm, 크기 25 x 23cm의 시트 2개분

무염버터…148g

슈거 파우더…120g

달걀…56g

아몬드 파우더…60g

박력분…288g

| 사전준비 |

· 버터와 달걀은 실온 상태로 준비한다.

· 달걀은 필요한 분량만큼 계량해서 잘 풀어둔다.

· 슈거 파우더와 박력분은 각각 체에 내린다.

· 오븐 팬에 오븐 시트(혹시 가지고 있을 경우, 테프론 시트)를 깐다.

볼 밑에 젖은 행주를 깔아두면 작업이 수월해진다.

볼에 버터를 넣고 고무 주걱으로 풀어준다.

슈거 파우더를 넣고, 공기가 들어가지 않도록 주의하면서 고무 주걱으로 반죽을 누르듯이 섞는다.

버터와 슈거 파우더가 서로 잘 녹아들 때까지 섞는다.

달걀을 조금씩 넣으면서 그때그때 잘 섞어 유화시킨다.

공기가 들어가지 않도록 하며, 고무 주걱으로 반죽을 누르듯이 섞는다.

반죽에 탄력이 느껴지면 반죽이 끝난 것이다.

아몬드 파우더를 넣고 고무 주걱으로 잘 섞는다.

반죽에 아몬드 파우더 가루가 남지 않을 때까지 섞는다.

볼 밑에 두었던 행주를 빼고, 박력분을 한 번에 넣은 다음 고무 주걱으로 반죽을 자르듯이 두 번 섞는다.

Arrange

쇼콜라 쿠키 ● 플레인 쿠키 반죽에 코코아 파우더를 응용한 쿠키

| 재료 | 두께 4mm, 크기 25 x 23cm 시트 1개분

무염버터…100g
슈거 파우더…60g
달걀…32g
아몬드 파우더…20g

A
박력분…150g
코코아 파우더(무설탕)…18g
소금…1g

| 사전준비 |

· **A**를 모아서 체에 내려둔다.
· 그 외에는 14쪽 '플레인 쿠키'와 동일하게 준비한다.

| 만드는 방법 |

14쪽 '플레인 쿠키'를 참조해, 동일하게 만든다.

10 계속해서 반죽을 밑에서부터 휙 뒤집는다. 두 번 자르고 세 번째에 뒤집기를 반복하면서, 반죽을 치대지 말고 잘 섞어준다.

11 가루가 남지 않고, 반죽이 고무 주걱에 달라붙어 더 이상 섞이기가 어려운 상태가 되면 다 섞였다는 뜻이다. 지나치게 섞으면 반죽이 딱딱해지므로 주의하자.

12 고무 주걱의 평평한 면을 이용해 반죽을 무너뜨리듯이 앞쪽으로 민다. 반죽 전체가 덩어리 없이 매끈해지게 한다.

> 비닐 봉투의 양 끝을 잘라서 시트 상태로 만들어 쓴다. 튼튼해서 매우 편리하다.

13 반죽을 모아서 비닐 시트에 넣는다. 비닐 시트를 사용하면 부드러운 반죽도 수월하게 늘일 수 있다.

14 위쪽에서 밀대를 대고 눌러서 반죽을 편다. 밀대를 사용하면 손의 체온으로 버터가 녹아버릴 위험 없이, 반죽을 균일하게 펼 수 있다.

15 반죽 양 끝에 각봉을 놓고 밀대의 끝부분을 얹은 다음, 반죽을 4mm 두께로 균일하게 민다. 평평해진 반죽을 그대로 냉동실에 1시간 가량 두면 반죽이 깔끔하게 떨어질 정도로 굳는다. 그 상태가 되면 냉동실에서 꺼낸다.

16 비닐 시트를 벗기고 작업대에 올린 다음, 마음에 드는 모양틀로 찍는다. 손바닥으로 위에서 눌러주면 깔끔하게 모양을 찍어낼 수 있다.

> 덜 구워진 것이 있다면 몇 분간 더 구운 다음 확인한다.

17 오븐 팬에 적당한 간격으로 올리고, 170도로 예열한 오븐에서 12분 동안 굽는다. 양면이 노릇노릇해졌는지 확인한 다음 꺼낸다. 다 구웠으면 식힘망에 올려 충분히 식힌다.

18 남은 반죽을 모아서 31쪽의 **10**번 과정을 참조해 원통 모양으로 뭉친 다음 눌러 펴고, 다시 한 번 식힌 다음 모양틀로 찍어낸다.

02.
슈거 쿠키

국화 모양틀 두 개를 사용하여 링 모양으로
찍어낸 쿠키입니다. 남은 한가운데 부분은
모아서 피스타치오와 헤이즐넛으로 쿠키를
만들면 두 종류의 맛을 함께 즐길 수 있습니다.
만드는 방법 ⇒ 22쪽

03.
피스타치오 헤이즐넛
쿠키

겉에 바른 살구잼의 색이 탐스럽게 돋보이는 쿠키.
한 입 크기로 먹기 쉽고, 견과류의 바삭한 식감이
포인트가 됩니다.
만드는 방법 ⇒ 22쪽

04.
초코 샌드 쿠키

초콜릿 크림을 듬뿍 넣은 샌드 쿠키.
쿠키 사이에는 사각사각한 식감의 로열틴을
넣어, 크기는 작지만 만족스러운 쿠키로
완성했습니다.

만드는 방법 ⇒ 23쪽

05.
레몬 슈거 샌드

씹는 맛이 있는 쿠키에 상큼한 향이 나는
레몬 슈거를 넣었습니다. 쿠키를 얇게 만들어
굽는 것이 포인트입니다.

만드는 방법 ⇒ 23쪽

06.
갈레트

프랑스의 브르타뉴 지방에서 전통으로 내려오는
과자입니다. 두껍게 반죽해서 겉은 오독오독 씹히고
속은 촉촉하게 완성될 수 있도록 잘 구워주세요.
만드는 방법 ⇒ 24쪽

07.
쇼콜라 갈레트

반죽을 잘라서 용기에 넣고 구운 두툼한 과자입니다.
쌉쌀한 코코아 반죽에 호두와 초콜릿의 단맛이
잘 어우러집니다.
만드는 방법 ⇒ 25쪽

08.
사블레 브르통 Sables Breton

얇게 만들어 구워 진한 버터의 풍미가 느껴지는 쿠키입니다.
모양을 예쁘게 만들려면 더 정성스럽게 섞어야 합니다.
만드는 방법 ⇒ 25쪽

09.
치즈 사블레 (플레인/스파이스)

파이 반죽처럼 입에 넣었을 때 바삭바삭 가벼운 느낌을
주는 사블레입니다. 버터가 녹지 않도록 주의하면서
만들어야 합니다.

만드는 방법 ⇒ 26쪽

10.
폴보론

폴보론은 크리스마스 시즌에 없어서는 안 될
스페인의 축제용 과자입니다. 입에 넣으면 사르르
녹아내리는 특유의 식감은 가루를 구워서 넣고
반죽하는 방법으로 만들어집니다.
만드는 방법 ☞ 27쪽

02. 슈거 쿠키

| 재료 | 두께 4mm, 지름 6.5cm 크기의 국화 모양틀 20개분

무염버터…148g

슈거 파우더…120g

달걀…56g

아몬드 파우더…60g

박력분…288g

그래뉴당…적당량

| 사전준비 |

· 14쪽 '플레인 쿠키'와 동일하게 준비한다.

| 만드는 방법 |

1 14쪽 '플레인 쿠키'의 **1~15**번 과정을 참조해, 쿠키 반죽을 만든다.

2 반죽을 작업대에 펴놓은 다음 지름 6.5cm 크기의 국화 모양틀로 찍는다. 그다음 가운데에 지름 3.5cm 크기의 국화 모양틀로 한 번 더 찍는다.

3 **2**의 표면에 그래뉴당을 고루 바르고, 오븐 팬에 적당한 간격으로 놓는다.

4 170도로 예열한 오븐에서 18분간 굽는다. 골고루 노릇노릇해지고 표면이 거칠거칠해졌는지 확인한 다음, 스패츌러를 이용해 꺼낸다. 덜 구워진 게 있다면 몇 분간 더 구워 색이 노릇노릇해졌는지 확인한다.

5 다 구웠으면 케이크 식힘망에 올려 식힌다.

---

03. 피스타치오 헤이즐넛 쿠키

| 재료 | 두께 4mm, 지름 3.5cm 크기의 국화 모양틀 45개분

무염버터…74g

슈거 파우더…60g

달걀…28g

아몬드 파우더…30g

박력분…144g

살구잼(시중 판매 제품)…적당량

피스타치오(껍질 벗긴 것)…적당량

헤이즐넛…적당량

| 사전준비 |

· 피스타치오와 헤이즐넛은 170도로 예열한 오븐에서 5~10분간 구운 다음 식혀서, 원하는 크기대로 자른다.
  그 외에는 14쪽 '플레인 쿠키'와 동일하게 준비한다.

| 만드는 방법 |

1 14쪽 '플레인 쿠키'의 **1~15**번 과정을 참조해, 쿠키 반죽을 만든다.

2 반죽을 작업대에 펴서 국화 모양틀로 찍고, 오븐 팬에 적당한 간격으로 놓는다.

3 살구잼을 냄비에 붓고, 중불에서 데워 부드럽게 만든다. 잼이 단단하게 굳어 있는 상태라면 물(레시피 표기 분량 외)을 살짝 넣고 펼친 다음, 한 번 끓어오르게 하고 열을 식힌다.

4 솔을 이용해 살구잼을 **2**의 윗면에 바른다. 덩어리지지 않게 주의하며 얇게 펴바른다.

5 피스타치오와 헤이즐넛을 올리고, 170도로 예열한 오븐에서 12분간 굽는다. 밑면이 노릇노릇해지면 스패츌러로 꺼낸다. 덜 구워진 게 있다면 몇 분간 더 구워 색이 노릇노릇해졌는지 확인한다.

6 다 구웠으면 케이크 식힘망에 올려 식힌다.

04. 초코 샌드 쿠키

| 재료 | 두께 2mm, 지름 3.5cm 크기의 국화 모양틀 샌드 90개분

● 초콜릿 크림
  밀크초콜릿…180g
  프랄리네praliné(헤이즐넛)…18g
인스턴트커피(분말)…적당량
로열틴…적당량(**a**)
그 외에는 15쪽 '쇼콜라 쿠키' 참조

| 사전준비 |

· 밀크초콜릿은 잘게 잘라 100g과 80g으로 나누어 놓는다.
  그 외에는 15쪽 '쇼콜라 쿠키'와 동일하게 준비한다.

| 만드는 방법 |

1 14쪽 '플레인 쿠키'의 **1~14**번을 참조해, 쿠키 반죽을 만든다.

2 반죽 절반을 떼어 작업대에 올리고, 두께 2mm로 편 다음 식혀서 국화 모양틀로 찍는다. 오븐 팬에 적당한 간격을 두고 올린다. 남은 3장 분량의 반죽도 동일하게 모양틀로 찍는다.

3 170도로 예열한 오븐에 넣고 12분간 굽는다. 양면이 노릇노릇해졌는지 확인한 다음 꺼낸다. 덜 구워진 게 있다면 몇 분간 더 구운 다음 색을 확인한다.

4 잘게 자른 밀크초콜릿 100g을 볼에 담고, 중탕으로 녹인다. 불에서 내린 다음 남은 80g을 전부 넣고 고무 주걱으로 잘 저어 섞는다.

5 프랄리네를 넣고 한 번 더 섞어 초콜릿 크림을 만든다.

6 **3**을 반으로 나눈 다음, 그 한쪽의 안쪽 면에 **5**를 스푼으로 떠서 바르고 커피와 로열틴을 위에 올린 후 남은 반쪽을 덮는다.

7 **6**을 냉동실에 1분 정도 넣어 차갑게 굳힌 다음 꺼낸다. 스푼으로 윗면에 초콜릿 크림을 바르고, 스푼 뒷면을 이용해 소용돌이를 그리듯이 펼친 다음 인스턴트커피를 뿌린다. 완전히 마를 때까지 상온에 놓아둔다.

a

로열틴
얇은 쿠키 반죽을 부수어 플레이크 상태로 만든 것. 바삭바삭한 식감이 특징으로, 초콜릿과 섞어서 사용하는 경우가 많다.

---

05. 레몬 슈거 샌드

| 재료 | 두께 2mm, 지름 4 x 3cm 크기의 타원형 틀 샌드 90개분

레몬 껍질…2개분
레몬 슈거(슈거 파우더 80g + 레몬즙…10~12g)
슈거 파우더…적당량
그 외에는 14쪽 '플레인 쿠키' 참조

| 사전준비 |

· 레몬 껍질은 제스터(**a**)를 이용해 갈아준다. 그 외에는 14쪽 '플레인 쿠키'와 동일하게 준비한다.

a

b

| 만드는 방법 |

1 14쪽 '플레인 쿠키'의 **1~12**번 과정을 참조해, 쿠키 반죽을 만든다. 레몬 껍질을 넣고 전체를 재빨리 섞어준다.

2 15쪽의 **13~14**번 과정을 참조해 반죽을 눌러 펴고 식힌다.

3 작업대에 놓고, 두께 2mm로 눌러 편 다음 원형 틀로 찍는다. 오븐 팬에 적당한 간격으로 놓고, 포크로 공기구멍을 만들어준다. 남은 3장분의 반죽도 동일하게 원형 틀로 찍는다.

4 15쪽의 **17~18**번 과정을 참조하여 구운 다음 식힌다.

5 레몬 슈거를 만든다. 볼에 슈거 파우더와 레몬즙을 넣고, 고무 주걱으로 섞어서 잘 반죽한다(**b**).

6 **4**를 반으로 나누고, 그 한쪽의 안쪽 면에 **5**를 스푼으로 떠서 바른 다음 나머지 한쪽을 덮는다. 마를 때까지 상온에 놓아둔다.

7 위쪽에 차 거름망을 대고 슈거 파우더를 듬뿍 담아 내려준다.

06. 갈레트

| 재료 | 두께 1.5cm, 지름 5cm의 원형 틀 8개분

발효버터…120g

슈거 파우더…72g

소금…1.2g

A ┌ 달걀노른자…24g
　　└ 럼주…12g

박력분…120g

달걀물(달걀 60g + 달걀노른자 20g + 우유 약간)

| 사전준비 |

· 버터, 달걀은 실온 상태로 준비한다.

· 달걀은 필요한 분량만큼 계량한 다음, 잘 풀어둔다.

· 슈거 파우더, 박력분은 각각 체에 내려둔다.

· 볼에 **A**를 넣고 잘 섞어준다.

· 달걀물 재료를 볼에 넣고, 잘 섞은 다음 체로 걸러준다.

· 오븐 팬에 오븐 시트(혹시 가지고 있을 경우, 테프론 시트) 를 깐다.

· 원형 틀 안쪽에 버터(레시피 표기 분량 외)를 발라둔다.

| 만드는 방법 |

1 볼에 버터를 넣고, 고무 주걱으로 젓는다.

2 슈거 파우더와 소금을 넣고, 공기가 들어가지 않도록 주 의하면서 고무 주걱으로 반죽을 누르듯이 섞는다.

3 **A**를 넣고 잘 섞어서 유화시킨다. 반죽에 탄력이 생기면 다 섞인 것이다.

4 박력분을 한 번에 넣고, 고무 주걱으로 반죽을 자르듯이 하며 두 번 섞은 후 세 번째에 반죽을 뒤집는다. 반죽을 치대지 말고 하나, 둘, 셋 일정한 리듬에 따라 섞어준다.

5 가루가 더 이상 보이지 않으면 고무 주걱의 평평한 면을 이용해 반죽을 조금씩 무너뜨려 앞쪽으로 밀면서 반죽을 부드럽게 만든다.

6 반죽을 한 덩어리로 모아서 비닐 시트에 넣는다. 그리고 위에서 밀대로 눌러 반죽을 편다.

7 반죽 양쪽 끝에 각봉을 놓고 밀대의 양 끝을 걸친 다음, 반죽을 1.5cm 두께로 균일하게 편다. 접시에 올려 냉동 실에 넣고 1시간 정도 차갑게 식힌 다음 반죽이 굳으면 꺼낸다.

8 작업대에 놓고 원형 틀로 찍는다. 오븐 팬에 적당한 간격 으로 놓고, 겉면에 솔을 이용해 달걀물을 바른다(**a**). 냉 장실에 넣어 차갑게 식힌 다음 달걀물이 마르면 꺼낸다.

9 다시 한번 솔로 달걀물을 바르고, 포크로 모양을 낸다(**b**).

10 지름 5cm 원형 틀에 버터를 바르고, 이를 반죽 하나하나 에 끼운다(**c**). 160도로 예열한 오븐에서 35분간 구운 다 음 꺼낸다. 틀을 벗긴 다음 다시 넣고 5분간 구워, 색이 노 릇노릇해지면 스패출러를 이용해 꺼낸다. 덜 구워진 게 있다면 다시 5분 정도 굽고 나서 확인해본다. 다 구워졌 으면 케이크 식힘망에 올려 충분히 식힌다.

호두 시럽 절임

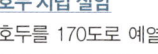

호두를 170도로 예열한 오븐에 넣고 10분간 구운 다음 잔열을 식히고 손으로 부순다. 그래뉴당 을 끓여서 녹여 만든 시럽에 호 두를 넣고 하룻밤 재운다.

07. 쇼콜라 갈레트

l 재료 l 두께 1cm, 크기 5 x 5cm 용기 6개분

발효버터…120g

슈거 파우더…80g

소금…1g

A 우유…20g
  브랜디…15g

B 박력분…130g
  코코아(무설탕)…10g

잘게 자른 초콜릿…30g + 장식용 적당량

호두 시럽 절임(24쪽 **d** 참조) (호두 30g + 그래뉴당 50g + 물 37g)

l 사전준비 l

· 버터는 실온 상태로 준비한다.

· 볼에 **A**를 넣고 잘 섞는다.

· **B**를 섞은 것과 슈거 파우더를 체에 내려둔다.

l 만드는 방법 l

1 볼에 버터를 넣고, 고무 주걱으로 풀어준다.

2 슈거 파우더와 소금을 넣고, 공기가 들어가지 않도록 주의하면서 고무 주걱으로 반죽을 누르듯이 섞어준다.

3 **A**를 넣고 고무 주걱으로 잘 섞는다.

4 **B**를 한 번에 넣고 고무 주걱으로 반죽을 자르듯이 두 번 섞고, 세 번째에 반죽을 뒤집는다. 하나, 둘, 셋 일정한 리듬에 맞추어 반죽을 치대지 말고 잘 섞는다.

5 잘게 부순 초콜릿 30g을 넣고 가볍게 휙 섞어준다.

6 24쪽 '갈레트'의 **5~6**번 과정을 따라 반죽을 만들고, **7**번 과정과 동일하게 펴서 차갑게 식힌다. 다만 이때 두께는 1cm로 한다.

7 5 x 5cm 크기로 잘라서 용기에 넣는다(24쪽 **e**).

8 호두와 초콜릿을 올린 다음 오븐 팬에 놓고, 160도로 예열한 오븐에서 20분간 굽는다. 겉면이 노릇노릇해지면 스패츌러로 꺼낸다. 덜 구워진 게 있다면 다시 몇 분간 더 굽는다. 다 구워졌으면 케이크 식힘망에 올려 충분히 식힌다.

---

08. 사블레 브르통

l 재료 l 두께 4mm, 지름 4cm 크기 원형 틀 25개분

발효버터…60g

그래뉴당…56g

소금…1.2g

달걀노른자…24g

아몬드 파우더…28g

A 박력분…80g
  베이킹파우더…8g

l 사전준비 l

· 버터, 달걀은 실온 상태로 준비한다.

· 달걀은 필요한 분량만큼 계량해서 잘 풀어둔다.

· **A**를 섞어서 체에 내려둔다.

· 오븐 팬에 오븐 시트(혹은 가지고 있을 경우, 베이킹 매트)를 깐다.

l 만드는 방법 l

1 볼에 버터를 넣고, 고무 주걱으로 풀어준다.

2 그래뉴당과 소금을 넣고, 공기가 들어가지 않도록 주의하며 고무 주걱으로 반죽을 누르듯이 섞는다.

3 달걀노른자를 넣고, 잘 섞어서 유화시킨다.

4 아몬드 파우더를 넣고, 고무 주걱으로 섞는다.

5 **A**를 한 번에 넣고, 고무 주걱으로 반죽을 자르듯이 두 번 섞고 세 번째에 반죽을 뒤집는다. 하나, 둘, 셋 일정한 리듬에 따라 반죽을 치대지 말고 잘 섞어준다.

6 더 이상 가루가 보이지 않으면 고무 주걱의 평평한 면을 이용해 반죽을 조금씩 무너뜨려 옮기면서 반죽 전체를 부드럽게 만든다.

7 반죽을 한 덩어리로 모아서 비닐 시트에 넣는다. 위에서 밀대로 눌러 반죽을 편다.

8 반죽 양쪽 끝에 각봉을 놓고 밀대의 양 끝을 걸쳐서, 두께 4mm의 균일한 반죽을 만든다. 접시에 놓고, 냉동실에 1시간 정도 넣어 차갑게 식힌 다음 반죽이 굳으면 꺼낸다.

9 작업대에 올려놓고 원형 틀로 찍는다. 오븐 팬에 3cm 이상 간격을 두어 올리고, 170도로 예열한 오븐에서 12분간 굽는다. 가장자리의 색이 짙어지면 스패츌러로 꺼낸다. 덜 구워진 게 있다면 몇 분간 더 구워서 확인한다. 다 구웠으면 케이크 식힘망에 올려 충분히 식힌다.

09. 치즈 사블레(플레인/스파이스)

푸드프로세서가 없을 경우, 스크래이퍼로 버터를 잘게 부순다.

● 플레인

| 재료 | 두께 1cm, 3 x 2.5cm 크기의 국화 모양틀 18개분

무염버터…30g

A
- 박력분…50g
- 파르메산 치즈(분말·셀룰로오스 무첨가)…40g

B
- 달걀노른자…10g
- 생크림(지방 성분 38%)…10g

달걀물(달걀 60g + 달걀노른자 20g + 우유 약간)

| 사전준비 |

· 버터는 쓰기 직전까지 냉장고에 두어 차갑게 한다.

· **A**를 섞어서 체에 내린다.

· **B**를 볼에 넣고 잘 섞어둔다.

· 달걀물 재료를 볼에 넣고, 잘 섞어서 체에 걸러둔다.

· 오븐 팬에 오븐 시트(혹시 가지고 있을 경우, 베이킹 매트)를 깐다.

| 만드는 방법 |

1 **A**를 담은 볼에 버터를 넣어 가루를 묻힌다.

2 버터를 작업대에 올리고 1cm 폭의 막대 모양으로 자른다. 다시 한 번 **A**를 담은 볼에 넣어 단면에 가루를 묻힌다.

3 버터를 작업대에 올리고, 가능한 한 잘게 자른다.

4 **A**를 담은 볼에 버터를 넣고, 단면에 가루를 묻힌 다음 냉동실에 1시간 이상 넣어 차갑게 굳힌다. 손가락으로 눌렀을 때 들어가지 않을 정도의 굳기로 놓아둔다.

5 푸드프로세서에 **4**를 넣고 휘젓는다. 버터 덩어리가 손에 잡히지 않고, 전체가 노란빛을 띠면 된 것이다.

6 볼에 **5**를 담고, **B**를 넣는다.

7 고무 주걱으로 바닥부터 쓱쓱 섞는다. 수분기가 없어지면 버터가 녹지 않도록 손으로 확 쥐었다가 놓기를 반복해 반죽을 모은다. 더 이상 가루가 보이지 않고 반죽 전체가 한 덩어리가 되면 다 섞인 것이다.

8 반죽을 사각형으로 뭉쳐서 비닐 시트에 넣고, 위에서 밀대로 눌러 반죽을 평평하게 편다.

9 반죽의 양 끝에 각봉을 놓고 밀대 양 끝을 걸친 다음, 반죽의 두께를 1cm로 균일하게 만든다. 틀로 찍어내기 적당할 정도로 굳을 때까지 냉장고에 1시간가량 넣어둔다.

10 작업대에 놓고 틀로 찍어낸 다음, 오븐 팬에 적당한 간격으로 놓는다. 솔을 이용해 겉면에 달걀물을 바르고, 냉장고에 넣었다가 달걀물이 다 마르면 꺼낸다.

11 다시 솔로 달걀물을 바르고, 포크를 이용해 모양을 그린다. 160도로 예열한 오븐에서 20분간 굽는다. 하나를 꺼내서 반을 갈랐을 때 속까지 고루 열이 닿았다면 다 구워진 것이다. 너무 많이 구우면 씁쓸한 맛이 나므로 주의하자. 스패츌러로 꺼낸 다음 케이크 식힘망에 올려 충분히 식힌다.

● 스파이스

| 재료 | 두께 1cm, 크기 2 x 2cm의 사각형 32개분

캐러웨이씨…1g(**A**에 넣는다)

＊호두와 비슷하게 생겼으나 상큼한 향과 은은한 단맛이 특징이다.
그 외에는 '플레인' 참조

| 사전준비 |

· 캐러웨이씨는 그라인더로 분쇄한 다음, 나머지 **A**의 재료와 같이 체에 내려둔다.

· 그 외에는 '플레인'과 동일하게 준비한다.

| 만드는 방법 |

1 위의 **1~9**번 과정을 참조해 반죽을 만들고 차갑게 식힌다.

2 작업대에 올리고, 반죽 가장자리가 직선이 되도록 네 변을 잘라낸다. 2 x 2cm 크기만큼 자로 표시를 해둔 다음 자른다. 오븐 팬에 적당한 간격으로 놓고, 겉면에 달걀물을 바른 다음 냉장고에 넣어 식힌 뒤 달걀물이 마르면 꺼낸다.

3 위의 **11**번 과정을 참조해 구운 다음 식힌다.

10. 폴보론

| 재료 | 두께 1cm, 지름 4.5cm 크기의 세르클 틀 10개분

무염버터…50g
슈거 파우더…40g
소금…1g
생크림…10g

A {
　박력분…50g
　쌀가루…25g
　아몬드 파우더…60g
　시나몬, 육두구…각각 0.2g
}

| 사전준비 |

· 버터, 생크림은 실온 상태로 준비한다.
· 박력분과 아몬드 파우더는 각각 170도로 예열한 오븐에서 20~30분간 구워서 식힌 다음 계량한다(**a**. 박력분 **b**. 아몬드 파우더).
· **A**를 합쳐서 체에 내려둔다.
· 오븐 팬에 오븐 시트를 깐다.

| 만드는 방법 |

1 볼에 버터를 넣고, 고무 주걱으로 젓는다. 슈거 파우더와 소금을 넣고, 공기가 들어가지 않도록 주의하면서 고무 주걱으로 반죽을 누르듯이 섞어준다.

2 생크림을 넣고 잘 섞어서 유화시킨다.

3 **A**를 한 번에 넣고, 고무 주걱으로 반죽을 자르듯이 두 번 섞은 다음 세 번째에 반죽을 뒤집는다. 하나, 둘, 셋 일정한 리듬으로 반죽을 치대지 말고 잘 섞는다.

4 더 이상 가루가 보이지 않으면 고무 주걱의 평평한 면을 이용해 반죽을 조금씩 무너뜨리고 밀어서 반죽 전체를 부드럽게 만든다.

5 반죽을 한 덩어리로 모아 비닐 시트에 넣는다. 위에서 밀대로 눌러 반죽을 편다.

6 반죽의 양 끝에 각봉을 놓고 밀대 양 끝을 걸친 다음, 반죽을 1cm 두께로 균일하게 만든다. 접시에 올려 냉동실에 1시간가량 넣고 식혀서 반죽이 굳으면 꺼낸다(가능하다면 냉장고로 옮겨서 하룻밤 놓아두면 반죽이 서로 잘 붙어서 쉽게 부서지지 않는다).

7 작업대에 놓고 원형 틀로 찍은 다음, 틀을 약간 비껴서 찍어 달 모양을 만든다(**c**). 오븐 팬에 적당한 간격으로 놓는다(반죽이 부서지기 쉬우니 조심스럽게 다뤄야 한다).

8 170도로 예열한 오븐에서 20분간 굽는다. 양면이 노릇노릇해지면 스패츌러로 꺼낸다. 다 구워지지 않은 것은 몇 분간 더 구운 다음 확인해본다. 다 구워졌으면 케이크 식힘망에 올려 충분히 식힌다.

9 슈거 파우더(레시피 표기 분량 외)를 체 거름망에 듬뿍 붓고 걸러서 뿌려준다.

아몬드 파우더가 좀 더 빨리 구워진다.

아이스박스 쿠키

반죽을 막대 모양으로 만들어 냉동실에 넣고 차갑게 굳힌 다음
잘라서 만드는 쿠키. 반죽의 끄트머리까지 깔끔하게 잘라 주세요.
재료에 따라 매우 다양한 맛을 즐길 수 있으므로, 취향에 맞는
맛을 찾아보세요.

11.
바닐라 쿠키

부드러운 반죽을 감싼 반짝이는
그래뉴당이 가벼운 식감을 선사합니다.
간단한 레시피와 달콤한 바닐라 향이
감도는 쿠키입니다.
만드는 방법 ⇒ 30쪽

12.
홍차 쿠키

잘게 자른 찻잎을 그대로 반죽에 넣어 다양한
풍미를 자랑하는 쿠키입니다. 고급스러운 맛이
티타임에 제격입니다.
만드는 방법 ⇒ 31쪽

13.
녹차 쿠키

녹차의 쌉쌀한 맛이 은은하게 맴도는 쿠키입니다.
마지막 마무리로 슈거 파우더를 뿌려서 적절한
단맛이 나는 쿠키로 만들어보세요. 녹차의 풍미를
느낄 수 있는 깊은 맛의 쿠키입니다.

만드는 방법 ⇒ 31쪽

14.
피칸 너츠 쿠키

덩어리가 씹히는 견과의 식감과 반죽의 바삭한
식감이 만나, 가볍고 부드러운 단맛 쿠키가
완성되었습니다. 구운 견과를 반죽에 잘 이겨 넣어,
향이 풍부하게 살아 있습니다.

만드는 방법 ⇒ 32쪽

15.
초코 쿠키

코코아 반죽에 잘게 부순 초콜릿을 넣어, 초콜릿을
좋아하는 사람이라면 좋아할 쿠키입니다. 겉면에
반짝이는 그래뉴당의 식감과도 잘 어우러집니다.

만드는 방법 ⇒ 33쪽

11.
바닐라 쿠키

▌재료 ▌ 지름 2.5cm 크기의 막대 모양 2개분

무염버터…120g

슈거 파우더…100g

소금…0.3g

달걀노른자…20g

바닐라빈…1.5cm

박력분…200g

덧가루(강력분), 그래뉴당, 달걀흰자…적당량

▌사전준비 ▌

· 버터, 달걀은 실온 상태로 준비한다.

· 달걀은 필요한 분량을 계량해 잘 풀어둔다.

· 슈거 파우더, 박력분은 각각 체에 내려둔다.

· 나이프의 칼등을 이용해 바닐라빈 깍지를 벗겨낸다(**a**).

· 오븐 팬에 오븐 시트를 깐다.

1 볼에 버터를 넣고, 고무 주걱으로 젓는다.

2 슈거 파우더와 소금을 넣고, 공기가 들어가지 않도록 주의하면서 고무 주걱으로 반죽을 누르듯이 섞는다.

3 달걀노른자를 넣고, 잘 섞어서 유화시킨다.

4 바닐라빈을 볼 가장자리로 넣어 소량의 반죽에 섞이게 한 다음, 전체적으로 섞는다. 이렇게 하면 어느 한군데에 뭉치지 않고 덩어리 없이 반죽 전체에 잘 섞이게 된다.

5 박력분을 한 번에 넣고, 고무 주걱으로 반죽을 자르듯이 두 번 섞은 다음 세 번째에 반죽을 뒤집는다. 하나, 둘, 셋 일정한 리듬에 맞춰 반죽을 치대지 말고 섞어준다.

6 더 이상 가루가 보이지 않고, 반죽이 고무 주걱에 달라붙어 섞기가 어려워지면 다 된 것이다. 스크래이퍼를 이용해 고무 주걱에 붙은 반죽을 떼어낸다.

7 고무 주걱의 평평한 면을 이용해, 반죽을 조금씩 무너뜨리면서 옮겨, 반죽 전체를 덩어리 없이 매끈하게 만든다.

8 반죽을 같은 두께로 펼치고, 큰 접시에 올려 냉동실에 10분간 넣어둔다. 그다음 냉장실로 옮기고 20분간 식혀서, 손가락으로 반죽을 눌렀을 때 들어가지 않을 정도로 굳었으면 꺼낸다.

9 반죽을 반으로 나누어 작업대에 올린 다음 덧가루를 뿌리지 말고, 손바닥으로 위에서 눌러 반죽을 재빨리 풀어준다.

12. 홍차 쿠키 • 13. 녹차 쿠키

│ 재료 │ 홍차: 지름 4cm (녹차: 지름 2.5cm) 크기의 막대 모양 2개분

무염버터…100g

슈거 파우더…60g

소금…0.3g

달걀노른자…20g

A │ 박력분…180g
│ 찻잎(홍차)…4g (녹차는 녹차 파우더…12g)

달걀흰자, 그래뉴당(녹차는 슈거 파우더), 덧가루(강력분)…적당량

│ 사전준비 │

· 홍차 찻잎은 잘게 자른다(혹시 가지고 있다면 그라인더로 분쇄한다).

· **A**를 합쳐서 체에 내린다.

· 30쪽 '바닐라 쿠키'와 동일하게 준비한다.

│ 만드는 방법 │

1 30쪽 '바닐라 쿠키'의 **1~3**번 과정과 동일하게 쿠키 반죽을 만든다.

2 30쪽 **5~12**번 과정을 참조해 반죽을 둥근 막대 모양으로 만든다. 홍차는 지름 4cm (녹차는 지름 2.5cm) 크기를 기준으로, 평평한 판 같은 것을 대고 굴린다.

3 아래 **13~18**번 과정을 참조해, 홍차 쿠키는 그와 동일하게 굽는다(녹차 쿠키는 달걀흰자, 그래뉴당을 넣지 않는다. 다 구운 다음 열을 식히고 슈거 파우더를 뿌린다).

10 두 반죽에 각각 덧가루를 뿌리면서 막대 모양으로 뭉친다.

11 덧가루를 뿌려가면서 손바닥으로 굴려 폭이 균일한 원통형으로 만든다.

12 지름 2.5cm 정도의 원통이 되면 손가락 자국이 남지 않도록 반죽 위에 평평한 판을 대고 굴려서 마무리한다.

13 종이(복사용지 등) 위에 반죽을 올리고, 끝에서부터 돌돌 감은 다음 냉동실에 1시간 정도 넣어둔다.

14 큰 접시에 종이를 깔고, 그래뉴당을 뿌린다. 반죽 길이를 생각하면서 스크레이퍼로 얇게 편다.

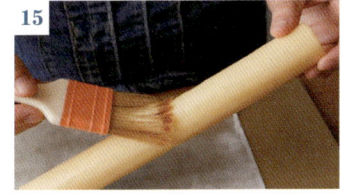

15 종이를 벗기고 반죽은 꺼낸 다음, 솔을 이용해 측면에 달걀흰자를 바른다.

> 덜 구워진 게 있다면 몇 분 정도 더 구운 다음 확인한다.

16 큰 접시 앞쪽에 **15**를 올리고, 전체에 그래뉴당이 균일하게 붙을 수 있도록 양 손으로 한 바퀴 굴린다. 큰 접시를 가볍게 통통 쳐서 남은 그래뉴당을 떨군다.

17 두께 7mm 정도로 자른다. 반죽이 단단하므로, 나이프의 머리 쪽을 누르면서 손잡이 쪽으로 반죽을 자르면 깔끔하게 자를 수 있다.

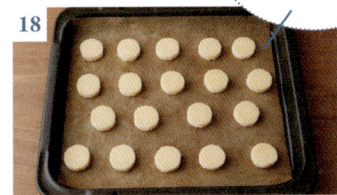

18 오븐 팬에 적당한 간격으로 놓은 다음, 170도로 예열한 오븐에서 12분간 굽는다. 뒤집어서 색이 노릇노릇해졌는지 확인한다. 다 구워졌으면 케이크 식힘망에 올려 충분히 식힌다.

14. 피칸 너츠 쿠키

| 재료 | 1.5 x 4cm 크기의 막대 모양 2개분

무염버터…74g

슈거 파우더…30g

비정제 황설탕Casonade(없을 경우 사탕수수 설탕)…30g

달걀…30g

피칸 너츠…60g

A
| 박력분…100g
| 강력분…50g
| 베이킹파우더…4g

덧가루(강력분)…적당량

그래뉴당…적당량

달걀흰자…적당량

| 사전준비 |

· 버터, 달걀은 실온 상태로 준비한다.

· 달걀은 필요한 분량만큼 계량해 잘 풀어둔다.

· A를 합친 것과 슈거 파우더는 각각 체에 내려둔다.

· 피칸 너츠는 160도로 예열한 오븐에 넣고, 향이 날 때까지 10분 정도 구운 후 식힌다.

· 오븐 팬에 오븐 시트를 깐다.

| 만드는 방법 |

1. 볼에 버터를 넣고, 고무 주걱으로 젓는다.

2. 슈거 파우더와 비정제 황설탕을 넣고, 공기가 들어가지 않도록 주의하면서 거품기로 섞는다.

3. 달걀을 여러 번에 나누어 넣으면서, 그때그때 잘 섞어 유화시킨다.

4. 피칸 너츠를 넣고 고무 주걱으로 반죽 전체에 고루 섞어준다.

5. A를 한 번에 넣고, 고무 주걱으로 반죽을 자르듯이 두 번 섞은 다음 세 번째에 반죽을 뒤집는다. 하나, 둘, 셋 일정한 리듬에 맞춰 반죽을 치대지 말고 획획 섞는다.

6. 반죽을 일정한 두께로 뭉친 다음, 접시에 올려 냉동실에 10분 정도 넣어둔다. 그 다음 냉장실로 옮기고 20분가량 둔다. 손가락으로 눌렀을 때 반죽이 부서지지 않는 상태가 되면 꺼낸다.

7. 작업대에 올린 다음 반으로 나눈다. 손바닥으로 위에서 눌러 반죽을 풀어준다.

8. 각각의 반죽을 모으고, 덧가루를 뿌리면서 원통 모양으로 뭉친다.

9. 덧가루를 뿌리면서 밀대로 눌러, 단면이 직사각형이 되게 하면서 전체를 막대 모양으로 만든다.

10. 반죽의 양 끝에 자를 대고, 작업대에 통통 내려쳐 모서리를 정돈하여 직사각형으로 만든다.

11. 종이 위에 반죽을 올리고, 끝에서부터 둘둘 감은 다음 냉동실에 1시간 정도 넣어둔다.

12. 큰 접시에 종이를 깔고, 그래뉴당을 뿌린다. 반죽 길이에 맞춰, 스크래이퍼를 이용해 그래뉴당을 얇고 평평하게 펼친다.

13. 반죽을 꺼내 종이를 벗긴 뒤, 솔을 이용하여 측면에 달걀 흰자를 바른다.

14. 12에 13을 올리고, 전체적으로 그래뉴당이 균일하게 묻을 수 있도록 양손으로 가볍게 누른다. 여러 번 반죽의 면을 바꾸어 세워 들고 접시에 대고 통통 쳐서 여분의 그래뉴당을 떨군다.

15. 식칼로 1cm 정도의 두께로 자른다. 반죽이 단단한 상태이므로, 칼의 머리 쪽을 누르면서 손잡이 쪽으로 자르면 깔끔하게 자를 수 있다.

16. 오븐 팬에 적당한 간격으로 놓고, 170도로 예열한 오븐에서 13분간 굽는다. 위아래를 뒤집어서 색이 노릇노릇해진 것을 확인한 다음 스패출러로 꺼낸다. 덜 구워진 게 있다면 몇 분간 더 구워서 색을 확인한다. 다 구워졌으면 케이크 식힘망에 올려 충분히 식힌다.

15. 초코 쿠키

| 재료 | 2.5 x 2.5cm 크기의 막대 모양 2개분

무염버터…74g

슈거 파우더…60g

달걀…30g

분쇄한 초콜릿…80g

A
┌ 박력분…94g
│ 강력분…46g
│ 코코아(무설탕)…10g
└ 베이킹파우더…4g

달걀흰자…적당량

그래뉴당…적당량

덧가루(강력분)…적당량

| 사전준비 |

· 버터, 달걀은 실온 상태로 준비한다.

· 달걀은 필요한 분량만큼 계량해 잘 풀어둔다.

· A를 합친 것과 슈거 파우더는 각각 체에 내려둔다.

· 오븐 팬에 오븐 시트를 깐다.

| 만드는 방법 |

1 볼에 버터를 넣고, 고무 주걱으로 젓는다.

2 슈거 파우더를 넣고, 공기가 들어가지 않도록 주의하면서 거품기로 섞는다.

3 32쪽 '피칸 너츠 쿠키'의 **3**번 과정을 참조해, 달걀을 넣는다.

4 분쇄한 초콜릿을 넣고 고무 주걱으로 반죽 전체에 잘 섞어준다.

5 32쪽 **5~8**번 과정을 참조해 반죽을 원통 모양으로 만든다.

6 덧가루를 뿌리면서, 단면이 정사각형이 되도록 밀대로 누르면서 막대 모양으로 만든다.

7 32쪽 **12~14**번 과정을 참조해 그래뉴당을 묻힌다.

8 32쪽 **15**번 과정을 참조해 반죽을 자른다.

9 오븐 팬에 적당한 간격으로 놓고, 170도로 예열한 오븐에서 15분간 굽는다. 뒤집어서 색이 노릇노릇해졌는지 확인하고 스패츌러로 꺼낸다. 덜 구워진 게 있다면 몇 분간 더 구운 다음 색을 확인한다. 다 구워졌으면 케이크 식힘망에 올려 충분히 식힌다.

●

두 가지 반죽으로
다양한 무늬 만들기

플레인과 쇼콜라 반죽처럼, 두 가지 색의 반죽을 이용해 무늬를 만드는 방법을 소개합니다. 반죽을 층층이 겹치거나 돌돌 감는 방법으로 한층 보기 좋고 가슴 설레는 쿠키를 완성해보아요.

16. 소용돌이

1 오븐 시트 위에 판자 모양으로 편 두 가지 색깔의 반죽을 놓는다. 그 다음 솔로 달걀을 살짝 바른 후 겹쳐 놓는다. 자를 대고 파이 칼을 이용하여 가장자리를 45도로 비스듬히 잘라낸다(**a**).

2 끝을 잘라낸 가장자리의 반대쪽부터 말기 시작해, 오븐 시트를 빈틈없이 딱 붙여 돌돌 말아준다(**b**). **1**에서 잘라낸 가장자리가 돌돌 만 반죽에 자연스럽게 감길 수 있도록 시트 위를 가볍게 눌러준다. 5mm 두께로 잘라서 굽는다.

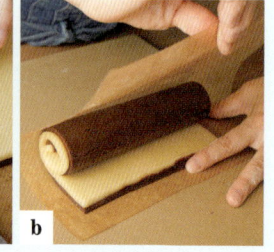

17. 테두리

1 지름 2.5cm의 막대 모양 반죽 하나와 원둘레에 맞춰 한 변이 8cm가량 되게 자른 판자 모양의 다른 색깔 반죽 하나를 준비한다(**a**).

2 오븐 시트 위에 판자 모양 반죽을 놓고 솔로 달걀을 살짝 바른 다음, 가장자리 쪽에 둥근 막대 모양 반죽을 올린다. 이 막대 모양 반죽을 축으로 돌돌 감는다(**b**). 5mm 두께로 잘라서 굽는다.

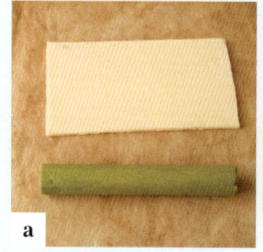

18. 스트라이프

1 같은 크기로 자른 판자 모양 반죽 두 개를 총 9장 준비한
  다(**a**).
2 솔로 달걀물을 반죽에 바르고, 장수가 더 많은 쪽의 반죽이
  양 끝에 위치하도록 층층이 쌓는다(**b**). 5mm 두께로 잘라
  서 굽는다.

19. 마블

1 반죽 끄트머리 등 고르지 않은 두 종류의 판자 모양 반죽을
  교대로 쌓은 다음, 위에서 눌러 반으로 접고, 다시 한 번 쌓
  아서 누르길 여러 번 반복한다(**a**).
2 반죽이 한 덩어리가 되면 양 손으로 돌돌 굴려 원통 모양으
  로 만들어, 가늘고 긴 막대 모양이 되게 한다(**b**). 자 두 개를
  양 끝에 대고 작업대에 꾹 눌러 모서리 모양을 잡는다(**c**).
  5mm 두께로 잘라서 굽는다.

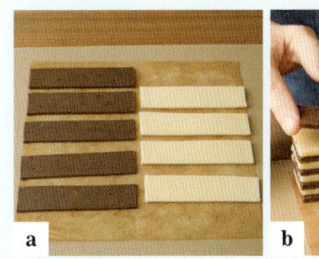

20.
흑설탕 사블레

흑설탕의 향과 은은한 단맛이 특징인 소박한
사블레입니다. 흑설탕 시럽 대신 메이플 시럽을
사용해도 좋습니다.
만드는 방법 ⇒ 40쪽

21.
고구마 스틱

군고구마의 맛이 확 느껴지는 쿠키입니다.
오독오독 베어 먹을 수 있도록 스틱 모양으로
잘랐습니다.

만드는 방법 ⇒ 41쪽

22.
단호박 스틱

단호박 색깔이 선명하게 드러나는 쿠키입니다.
고구마와 마찬가지로 식감을 즐길 수 있도록
가는 스틱 모양으로 자릅니다.

만드는 방법 ⇒ 41쪽

23.
우엉 쿠키

슬라이서로 가늘게 썬 우엉을 반죽에 넣어 식물성
섬유질이 풍부한 쿠키를 만들었습니다. 씹는 맛이
즐거워서 주전부리처럼 자꾸만 손이 가는 쿠키입니다.
만드는 방법 ⇒ 42쪽

24.
전립분 쿠키

버터와 오일, 두 종류의 유분으로 산뜻하게 만든
쿠키입니다. 단맛을 줄여 전립분 가루와 코코아의
쓰쓸한 풍미가 돋보입니다.
만드는 방법 ⇒ 43쪽

20. 흑설탕 사블레

| 재료 | 두께 4mm, 크기 5 x 4cm의 삼각형 50개분

무염버터…30g

● 비정제 흑설탕 시럽…40g (계량)

  비정제 흑설탕…30g

  물…15g

소금…0.5g

  아몬드 파우더…25g

  박력분…30g

A 호밀가루…25g

  옥수수 전분…30g

달걀물(달걀 60g + 달걀노른자 20g + 우유 약간)

| 사전준비 |

· 버터는 실온 상태로 준비한다.

· 비정제 흑설탕을 물에 녹여, 흑설탕 시럽을 만든다.

· **A**를 합쳐서 체에 내려둔다.

· 달걀물 재료를 볼에 넣고, 잘 섞어 체에 거른다.

· 오븐 팬에 오븐 시트를 깐다.

| 만드는 방법 |

1 볼에 버터를 넣고, 비정제 흑설탕 시럽을 조금씩 넣어 고무 주걱으로 섞는다.

2 소금을 넣고 다시 한번 잘 섞는다.

3 **A**를 넣고 반죽을 치대지 않도록 주의하면서 고무 주걱으로 섞는다.

4 반죽을 한 덩어리로 모아서 비닐 시트에 넣는다. 위에서 밀대로 눌러 반죽을 편다.

5 반죽의 양 끝에 각봉을 대고 밀대 양 끝을 걸친 다음, 반죽을 4mm 두께로 균일하게 만든다. 반죽을 접시에 올리고 냉동실에 1시간 정도 넣어 반죽이 굳으면 꺼낸다.

6 작업대에 올린 다음 자를 대고 파이 칼(**a**)로 5 x 4cm 크기로 자르고, 대각선으로 한 번 더 잘라 삼각형으로 만든다.

7 오븐 팬에 적당한 간격으로 놓고, 포크를 이용해 공기를 빼준다. 솔로 겉면에 달걀물을 바른 다음 160도로 예열한 오븐에서 18분간 굽는다. 양면이 노릇노릇해지면 스패출러로 꺼낸다. 덜 구워진 게 있다면 몇 분간 더 구워 색이 노릇노릇해졌는지 확인한다. 다 구워졌으면 케이크 식힘망에 올려 충분히 식힌다.

파이 칼

반죽을 직선이나 물결 모양으로 자를 때 이용하면 편리하다. 손에 익으면 빠르고 깔끔하게 자를 수 있다.

21. 고구마 스틱

┃재료┃ 두께 4mm, 1.25 x 7cm 크기 50개분

고구마(생)…1개

발효버터, 흑설탕…각각 40g

A ┃ 박력분…100g
┃ 베이킹파우더…0.5g
┃ 소금…0.3g

┃사전준비┃

· 고구마를 통째로 알루미늄 호일에 싸서 200도로 예열한 오 븐에서 60분간 굽는다(**a**). 꼬챙이로 찔렀을 때 쑥 들어가면 다 구워진 것이다. 버터를 섞었을 때 버터가 녹지 않을 정 도의 온도로 식힌다.

· 버터는 실온 상태로 준비한다.

· **A**를 합쳐서 체에 내려둔다.

· 오븐 팬에 오븐 시트를 깐다.

a

┃만드는 방법┃

1 구운 고구마는 껍질을 까고 포크 등으로 부수어 페이스트 상태로 만들어 100g을 준비한다.

2 버터와 흑설탕을 넣고 고무 주걱으로 섞는다.

3 **A**를 넣고 고무 주걱으로 섞는다.

4 반죽을 한 덩어리로 뭉친 후 비닐 시트에 넣는다. 위에서 밀대로 눌러서 반죽을 편다.

5 반죽의 양 끝에 각봉을 대고 밀대의 양 끝을 걸친 다음, 반 죽을 4mm 두께로 균일하게 만든다. 접시에 올리고 냉동 실에 1시간가량 넣어 반죽이 굳으면 꺼낸다.

6 비닐 시트를 벗기고 작업대에 올린 다음, 자를 대고 파이 칼을 이용해 2.5 x 7cm 크기로 자른다. 그리고 반으로 한 번 더 잘라서 가늘고 긴 직사각형으로 만든다.

7 오븐 팬에 적당한 간격으로 놓고, 170도로 예열한 오븐 에서 15분간 구워 양면이 노릇노릇해졌으면 스패츌러로 꺼낸다. 덜 구워진 경우 몇 분간 더 구워서 노릇노릇한 색 이 나는지 확인한다. 다 구워졌으면 케이크 식힘망에 올 려 충분히 식힌다.

22. 단호박 스틱

┃재료┃ 두께 4mm, 1.25 x 7cm 크기 50개분

단호박(생)…1/4개

고구마 대신 단호박을 쓴다.

그 외에는 '고구마 스틱' 참조

┃사전준비┃

· 단호박 씨를 빼고 알루미늄 호일로 싼 후 200도로 예열한 오븐에서 30분 이상 굽는다. 꼬챙이로 찔렀을 때 쑥 들어가 면 다 구워진 것이다. 버터를 섞었을 때 버터가 녹지 않을 정도의 온도로 식힌다.

· 그 외에는 '고구마 스틱'과 동일하게 준비한다.

┃만드는 방법┃

위를 참조해, 동일하게 만든다.

23. 우엉 쿠키

| 재료 | 두께 4mm, 2.5 x 1.5cm 크기 90개분

● 메이플 시럽…50g (계량)
   메이플 슈거…30g
   물…30g

볶지 않은 참기름(흰색)*…55g

우엉…40g

소금…0.3g

   박력분…60g
A 강력분…50g
   옥수수 전분…65g

메이플 시럽(마무리용)…적당량

| 사전준비 |

· 우엉은 칼등으로 껍질을 벗기고, 슬라이서로 가늘게 썬
  다(**a**).

· **A**를 합쳐서 체에 내린 다음 볼에 담는다.

· 냄비에 메이플 시럽 재료를 넣고, 중불에 올려서 한소끔
  끓인다. 50g을 계량해두고, 남은 것은 마무리용으로 떼어
  둔다.

· 오븐 팬에 오븐 시트를 깐다.

* 깨를 볶지 않고 가공해서 만
든 투명한 참기름. 참기름 특유
의 향이 적어 다양한 요리에 활
용할 수 있고, 과자를 만들 때
도 잘 쓰인다. 산화가 잘 되지
않아 개봉 후에도 오래 보관할
수 있다.

| 만드는 방법 |

1 볼에 메이플 시럽을 50g 넣고, 볶지 않은 참기름을 넣은
   다음 고무 주걱으로 섞어 유화시킨다(**b**).

2 우엉과 소금을 넣고 잘 섞는다.

3 **A**를 담은 볼에 **2**를 넣고, 고무 주걱으로 섞는다.

4 반죽을 비닐 시트에 넣고, 밀대로 위에서 눌러 평평하게
   편다.

5 반죽의 양 끝에 각봉을 대고 밀대의 양 끝을 걸친 다음,
   반죽을 4mm 두께로 균일하게 만든다. 접시에 올려, 자
   를 수 있을 정도로 굳을 때까지 냉동실에 1시간가량 넣
   어둔다.

6 작업대에 올리고, 파이 칼로 폭 1.5cm의 띠 모양으로 자
   른 다음 2.5cm 정도 길이로 비스듬하게 자른다. 오븐 팬
   에 적당한 간격으로 놓고, 솔로 마무리용 메이플 시럽을
   바른다.

7 170도로 예열한 오븐에서 20분간 굽는다. 전체적으로 노
   릇노릇해지면 다 구워진 것이다. 스패츌러로 꺼낸 후 케
   이크 식힘망에 올려 충분히 식힌다.

a

b

24. 전립분 쿠키

| 재료 | 두께 4mm, 4 x 3cm 크기 35개분

무염버터…20g

슈거 파우더…30g

볶지 않은 참기름(흰색)…40g

달걀흰자…15g

A
| 박력분…50g
| 전립분…75g
| 소금…0.3g
| 코코아(무설탕)…1.6g
| 베이킹파우더…0.5g

| 사전준비 |

· 버터는 실온 상태로 준비한다.

· 달걀흰자는 필요한 분량을 계량해 잘 풀어둔다.

· A와 슈거 파우더는 각각 체에 내려둔다.

· 오븐 팬에 오븐 시트를 깐다.

| 만드는 방법 |

1 볼에 버터를 넣고, 고무 주걱으로 젓는다.

2 슈거 파우더를 넣고, 공기가 들어가지 않도록 주의하면서 고무 주걱으로 반죽을 누르듯이 섞는다.

3 볶지 않은 깨로 만든 참기름을 세 번 정도 나누어 넣고, 그 때그때 잘 섞어 유화시킨다.

4 달걀흰자를 반씩 나누어 넣고, 그때그때 고무 주걱으로 잘 섞는다.

5 A를 넣고 반죽을 치대지 않도록 주의하면서 고무 주걱으로 잘 섞는다.

6 반죽을 한 덩어리로 뭉쳐서 비닐 시트에 넣는다. 위에서 밀대로 눌러 반죽을 편다.

7 반죽의 양 끝에 각봉을 대고 밀대의 양 끝을 걸친 다음 반죽을 4mm 두께로 균일하게 만든다. 접시에 올리고 냉동실에 1시간 정도 넣어, 반죽이 굳으면 꺼낸다. 반죽이 쉽게 풀어질 수 있으니, 충분히 차갑게 굳힌다.

8 작업대에 올린 다음 자를 대고 파이 칼을 이용해 4 x 3cm 크기로 자른다. 반죽이 무른 만큼 모양이 무너지지 않도록 주의한다. 오븐 팬에 적당한 간격으로 놓고, 포크를 이용해 공기를 빼준다.

9 180도로 예열한 오븐에서 10분간 굽는다. 전체적으로 마르고 살짝 노릇노릇해지면 스패츌러로 꺼낸다. 덜 구워진 게 있다면 몇 분간 더 구워서 색이 노릇노릇해졌는지 확인한다. 다 구워졌으면 케이크 식힘망에 올려 충분히 식힌다.

25.
플레인 쇼트브레드

쇼트브레드는 스코틀랜드에서 전통적으로 만들어
먹는 과자입니다. 버터를 듬뿍 바른 쇼트브레드의
사각사각한 식감은 티타임에 결코 빠질 수 없습니다.

만드는 방법 ⇒ 46쪽

44

26.
레몬 쇼트브레드

작게 자른 쇼트브레드에 레몬 향이 가득한 아이싱을
발라 화려하게 꾸몄습니다. 말린 레몬 껍질을 위에
올려주면 포인트가 됩니다.

만드는 방법 ⇒ 46쪽

25. 플레인 쇼트브레드

| 재료 | 두께 1cm, 크기 1.5 x 7cm 의 막대 모양 30개분

무염버터…130g

A {
박력분…200g
쌀가루…50g
슈거 파우더…55g
소금…1.5g
}

우유…30g

| 사전준비 |

· 버터는 쓰기 직전까지 냉동실에 넣어둔다.

· **A**를 합쳐 체에 내려둔다.

· 오븐 팬에 오븐 시트를 깐다.

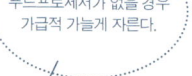
푸드프로세서가 없을 경우 가급적 가늘게 자른다.

1 **A**를 담은 볼에 버터를 넣어 두루두루 가루를 묻힌다.

2 버터를 작업대에 올리고 1cm 폭의 막대 모양으로 자른 다음, 다시 한번 **A**를 담은 볼에 넣고 단면에 가루를 묻힌다.

3 버터를 작업대에 올리고 1cm씩 자른다.

4 **A**를 담은 볼에 **3**을 넣고, 단면에 가루를 묻힌 다음 냉동실에 1시간가량 넣어둔다. 손가락으로 눌렀을 때 들어가지 않을 정도로 굳힌다.

5 푸드프로세서에 **4**를 넣고 휘젓는다. 푸드프로세서가 없을 경우 스크래이퍼를 사용해 버터를 잘게 만들어준다.

6 버터 덩어리가 손에 잡히지 않으면 다 된 것이다.

---

26. 레몬 쇼트브레드

| 재료 | 두께 1cm, 크기 1.5 x 3.5cm의 막대 모양 60개분

레몬 껍질…2개분

● 레몬 아이싱

슈거 파우더…80g

레몬즙…16g

레몬 껍질(장식용)…적당량

그 외는 '플레인 쇼트브레드' 참조

| 사전준비 |

· 레몬 껍질은 제스터(23쪽 참조)를 이용해 갈아준 다음, 한동안 두어 말린다(**a**).

· 오븐 팬에 오븐 시트를 깐다.

· 그 외는 '플레인 쇼트브레드'와 동일하게 준비한다.

a

아무리 해도 반죽이 뭉쳐지지 않으면 우유를 약간 넣어준다.

7

볼에 **6**을 넣고, 우유를 붓는다. **6**이 너무 차가우면 잘 뭉쳐지지 않으므로 주의하자.

8

고무 주걱으로 바닥부터 쓱쓱 섞는다.

9

버터가 녹지 않도록 손으로 쥐었다가 놓기를 반복하며 반죽을 뭉친다. 더 이상 가루가 보이지 않으면 다 섞인 것이다.

10

반죽을 네모난 모양으로 뭉쳐서 비닐 시트에 넣은 후, 밀대로 위에서 눌러 평평하게 편다.

11

반죽의 양 끝에 각봉을 대고 밀대의 양 끝을 걸친 다음, 반죽을 1cm 두께로 균일하게 만든다. 접시에 올리고 냉동실에 1시간가량 넣어두고 자를 수 있을 정도로 굳힌다.

12

작업대에 올리고, 반죽 가장자리를 직선으로 잘라내 정리한다. 자를 대고 같은 크기로 표시를 한 다음 자른다.

13

오븐 팬에 놓고, 포크로 공기를 빼준다. 130도로 예열한 오븐에서 60분간 굽는다. 보통 노릇노릇한 색이 잘 나오지 않으니, 하나를 반 갈라보아 속까지 익었는지 확인해본다. 속까지 익었으면 스패출러로 꺼낸 다음 케이크 식힘망에 올려 충분히 식힌다.

| 만드는 방법 |

1 레몬 껍질을 넣고, 위의 **1~9**번 과정을 참조해 재료를 섞는다.

2 위의 **10~13**번 과정을 참조해 구운 다음 식힌다(**12**번 과정에서 자를 때 길이는 절반으로 한다).

3 볼에 슈거 파우더와 레몬즙을 넣고, 고무 주걱으로 섞어서 잘 반죽해 아이싱을 만든다(**b**).

4 **2**를 손으로 들고 한쪽 면에 아이싱을 묻힌 다음 뒤집는다(**c, d**). 접시에 올려 마를 때까지 상온에 둔다. 이때 아이싱이 흘러내리면 묽다는 뜻이니, 잘 반죽해 아이싱이 흘러내리지 않고 표면에 잘 묻어 있을 정도로 만든다(**e**). 아이싱이 마르기 전에 레몬 껍질을 올린다.

b

c

d

e

묽은 상태   적당한 굳기

동글동글 쿠키

입 안에서 사르르 기분 좋게 녹는 식감. 손으로 동글동글
굴려서 만듭니다. 틀이 없어도 귀엽게 만들 수 있어서
매우 간편합니다.

※ 황색 대두를 볶아서 가루로 만든 일반 콩가루에 비해, 푸른 콩을 볶아서 만든 푸른 콩가루는 색이 옅은 녹색을 띤다.

27.
스노우볼

데굴데굴 굴려서 구운 다음 새하얀 슈거 파우더를 입힌 인기 만점 쿠키입니다. 커피나 홍차와도 잘 어울립니다.

만드는 방법 ⇒ 50쪽

28.
호두 스노우볼

반죽에 입힌 호두가 씹히는 사각사각한 식감과 부드러운 단맛이 푸른 콩가루*와 잘 어우러집니다. 겉보기에 예쁜 녹색을 띠고 있어서 선물용으로도 좋습니다.

만드는 방법 ⇒ 51쪽

27. 스노우볼

| 재료 | 5g 분할 60개분

무염버터…100g

슈거 파우더…27g

A
아몬드 파우더…50g
박력분…85g
옥수수 전분…40g
소금…1g

슈거 파우더(마무리용)…70g (기준)

| 사전준비 |

· 버터는 실온 상태로 준비한다.

· **A**를 합친 것과 슈거 파우더는 각각 체에 내려둔다.

· 오븐 팬에 오븐 시트를 깐다.

볼에 버터를 넣고, 고무 주걱으로 젓는다.

슈거 파우더를 넣고, 공기가 들어가지 않도록 주의하면서 고무 주걱으로 섞는다.

반죽이 뭉쳐져 볼 바닥이 보일 정도가 되면 다 섞인 것이다.

A를 한 번에 넣고, 고무 주걱으로 반죽을 자르듯이 두 번 섞고 세 번째에 반죽을 뒤집는다. 하나, 둘, 셋 일정한 리듬에 맞춰 반죽을 치대지 않도록 하면서 잘 섞는다.

반죽이 고무 주걱에 달라붙어 섞기가 힘들어지면, 고무 주걱에 붙은 반죽을 스크레이퍼로 긁어내린다.

고무 주걱의 평평한 면을 이용해 반죽을 앞쪽으로 조금씩 무너뜨려 옮기면서, 반죽 전체를 매끈하게 만든다.

반죽이 한 덩어리로 뭉쳐져 볼에서 떨어지는 상태가 되면 다 섞인 것이다.

반죽을 비닐 시트에 넣는다. 위에서 밀대로 눌러서 균일한 두께로 편 다음, 접시에 올려 냉동실에 넣는다. 1시간 이상 두어, 충분히 차갑게 만든다.

스크레이퍼를 이용해 잘게 분할한다.

10

9에서 분할한 반죽을 저울에 올려 5g씩 맞춰 잰다.

11

양 손바닥 사이에서 굴려서 동그랗게 만든 다음 오븐 팬에 간격을 넉넉히 두고 놓는다.

12

160도로 예열한 오븐에서 10분간 굽는다. 오븐 팬의 앞뒤를 바꾸어 다시 넣고 3~5분 정도 굽는다. 겉면이 노릇노릇해지고, 반으로 갈라보았을 때 속에 수분이 없는 상태라면 다 구워진 것이다. 다 구워졌으면 케이크 식힘망에 올려 충분히 식힌다.

가능한 한 슈거 파우더의 두께가 1mm를 넘지 않는 선에서 얇게 입혀주는 것이 포인트

13

마무리용 슈거 파우더를 넣은 볼에 **12**를 넣고, 손으로 쓱쓱 가볍게 섞어주어 슈거 파우더를 묻힌다.

14

손바닥에 올리고 한 손으로 둥글게 굴려서 여분의 슈거 파우더를 떨군다.

---

28. 호두 스노우볼

❙ 재료 ❙ 5g 분할 대략 68개분

호두…40g

브라운슈거…27g

A ┌ 푸른 콩가루…50g
　　└ 슈거 파우더…25g

슈거 파우더를 브라운슈거로 바꾼다.

그 외에는 50쪽 '스노우볼' 참조

a

❙ 사전준비 ❙

· 호두는 170도로 예열한 오븐에서 10분간 구워서 식히고, 잘게 다진다.

· **A**의 재료를 섞어서 체에 내려둔다(**a**).

· 그 외에는 50쪽 '스노우볼'과 동일하게 준비한다.

❙ 만드는 방법 ❙

1 50쪽의 **1~6**번 과정을 참조해 섞는다.

2 호두를 넣고 고무 주걱으로 섞은 다음 전체를 한 덩어리로 잘 뭉친다.

3 50~51쪽의 **8~12**번 과정을 참조하여 만들어 굽는다. **13~14**번 과정을 참조해 슈거 파우더 대신 **A**를 입혀준다.

29.
치즈볼 쿠키(흰깨/로즈메리)

치즈 향이 입 안에서 부드럽게 퍼지는 쿠키입니다.
흰깨의 식감과 고소한 향에 자꾸만 손이 갈 거예요.
치즈와 로즈메리는 궁합이 잘 맞아서, 와인 한잔과 함께
곁들이고 싶어집니다.

29. 치즈볼 쿠키(흰깨/로즈메리)

● 흰깨

| 재료 | 5g 분할 60개분

무염버터…90g

그래뉴당…20g

A 박력분…125g
베이킹파우더…1g
파르메산 치즈 분말(셀룰로오스 무첨가)…80g

흰깨…적당량

| 사전준비 |

· 버터는 실온 상태로 준비한다.

· **A**를 합쳐 체에 내려둔다.

· 오븐 팬에 오븐 시트를 깐다.

| 만드는 방법 |

1 볼에 버터를 넣고, 고무 주걱으로 젓는다.

2 그래뉴당을 넣고, 공기가 들어가지 않도록 주의하며 고무 주걱으로 섞는다.

3 **A**를 한 번에 넣고, 고무 주걱으로 반죽을 자르듯이 두 번 섞고 세 번째에 반죽을 뒤집는다. 하나, 둘, 셋 일정한 리듬으로 반죽을 치대지 말고 잘 섞는다.

4 반죽이 고무 주걱에 달라붙어 섞기가 힘들어지면, 스크래이퍼로 고무 주걱에 붙은 반죽을 긁어낸다.

5 고무 주걱의 평평한 면을 이용해 반죽을 앞쪽으로 조금씩 무너뜨리며 옮겨서, 반죽 전체를 매끈하게 만든다.

6 반죽이 한 덩어리로 뭉쳐져 볼에서 잘 떨어지는 상태가 되면 다 섞인 것이다.

7 반죽을 비닐 시트에 넣는다. 위에서 밀대로 눌러 일정한 두께로 펴준 다음 접시에 올린다. 냉장고에 넣고 반나절에서 하룻밤 동안 두어 충분히 차갑게 만든다. 스크래이퍼를 이용해 작게 분할한다.

8 51쪽 '스노우볼'의 **10**번 과정을 참조하여 5g씩 잰다.

9 큰 접시에 흰깨를 넣고, 반죽의 한쪽 면을 그 위에 대고 누르듯이 하며 흰깨를 묻혀준다. 둥글게 굴린 다음 오븐 팬에 간격을 넉넉히 두어 올린다.

10 170도로 예열한 오븐에서 15분간 굽는다. 오븐 팬의 앞뒤를 바꿔 넣고 다시 한 번 몇 분간 굽는다. 겉면이 노릇노릇해지고, 반을 갈라보았을 때 속에 수분이 없는 상태라면 다 구워진 것이다. 다 구워졌으면 스패츌러로 꺼낸 다음 케이크 식힘망에 올려 충분히 식힌다.

● 로즈메리

| 재료 | 5g 분할 60개분

로즈메리(프레시)…적당량
그 외에는 '흰깨' 참조

| 사전준비 |

· 로즈메리를 잘게 다진다.

· 그 외에는 '흰깨'와 동일하게 준비한다.

| 만드는 방법 |

1 위의 **1~6**번 과정을 참조해 재료를 섞는다.

2 위의 **7~8**번 과정을 참조해 분할한다.

3 큰 접시에 다진 로즈메리를 넣고, 반죽의 한쪽 면을 대고 누르듯이 하며 로즈메리를 묻혀준다. 둥글게 굴린 다음 오븐 팬에 간격을 넉넉히 두고 올린다.

4 위의 **10**번 과정을 참조해 굽는다.

스푼을 이용한 쿠키

액체 같은 상태의 반죽을 스푼으로 떠서 놓아 굽는
식의 쿠키입니다. 반죽을 아주 얇게 굽거나 말린 과일,
견과류를 넣어서 만드는 것도 가능합니다.

30.
오렌지 아몬드 튀일 tuile

프랑스어로 '기와'를 의미하는 '튀일'은 이름처럼
둥그런 곡선이 특징입니다. 아몬드를 넣어서 구운
반죽은 바삭바삭하고 산뜻한 식감을 줍니다.
만드는 방법 ⇒ 56쪽

31.
참깨 진저 튀일

얇은 반죽과 툭툭 씹히는 참깨의 식감을 즐길 수 있는
쿠키입니다. 참깨는 흰색과 검은색 두 종류를 넣어서
보기에도 예쁘고 맛도 고소합니다.

만드는 방법 ⇒ 57쪽

30. 오렌지 아몬드 튀일

| 재료 | 지름 5cm 크기 60개분

무염버터…50g

그래뉴당…125g

달걀흰자…40g

오렌지 과즙…50g

오렌지 껍질…1개분

박력분…40g

얇게 저민 아몬드…63g

| 사전준비 |

· 달걀흰자는 필요한 분량만큼 계량해서 잘 풀어준다.

· 박력분은 체에 내린다.

· 오렌지 껍질은 제스터로 갈아주고(**a**), 과즙을 짜낸다.

· 오븐은 160도로 예열한다.

작은 냄비에 버터를 넣고 중불에 올린다. 거품이 나면서 색이 살짝 돌기 시작하면 불에서 내린다.

얼음물에 열기를 식힌다.

볼에 그래뉴당과 달걀흰자를 넣는다.

> 살짝살짝 저어 거품을 내면 거품 결이 고와진다.

중탕으로 그래뉴당이 거칠거칠하게 바닥에 남아 있지 않을 때까지 달군다. 큰 거품이 일지 않도록 천천히 저어 섞는다.

불에서 내리고, 거품 결을 정돈한다.

오렌지 과즙을 넣고, 거품기로 잘 섞어준다.

박력분을 넣고 고무 주걱으로 잘 섞는다.

2를 넣고 고무 주걱으로 잘 섞는다.

오렌지 껍질을 넣는다.

얇게 저민 아몬드를 넣는다.

얼음물에 볼을 대고, 고무 주걱으로 잘 섞는다.

식혀서 전체적으로 약간 걸쭉해지게 한다.

12를 스푼으로 떠서 오븐 팬 위에 적당한 간격으로 놓는다.

구워지면서 크기가 커지므로, 간격을 충분히 둔다.

160도로 예열한 오븐에서 15분가량 구운다. 다 구워졌으면 스패출러를 이용해 밀대 위에 올린다. 곡선 모양이 잘 잡히도록 가볍게 눌러준다. 밀대에서 벗겨내 케이크 식힘망에 올리고 충분히 식힌다.

31. 참깨 진저 튀일

| 재료 | 지름 2.5cm 크기 100개분

무염버터…50g

그래뉴당…100g

달걀흰자…90g

A   박력분…35g

     진저 파우더…5g

흰깨…40g

검은깨…23g

| 사전준비 |

· 달걀흰자는 필요한 분량을 계량해 잘 풀어준다.

· **A**를 합쳐서 체에 내린다.

· 흰깨, 검은깨를 섞어 프라이팬에 살짝 볶는다.

· 오븐 팬에 오븐 시트를 깐다.

| 만드는 방법 |

1 56쪽 **1~5**번 과정을 참조해 반죽을 동일하게 섞는다. **A**를 넣고, 고무 주걱으로 섞어준다.

2 참깨를 넣고 다시 잘 섞어준다.

3 56쪽 **8**번 과정을 참조해 버터를 넣고, 고무 주걱으로 잘 섞는다.

4 위의 **11~12**번 과정을 참조해, 약간 걸쭉해질 때까지 식힌다.

5 스푼으로 떠서 오븐 팬에 간격을 두고 놓는다.

6 160도로 예열한 오븐에서 15분간 굽는다. 전체가 노릇노릇해지면 다 구워진 것이다. 확인한 후, 스패출러로 꺼낸다.

7 덜 구워진 게 있다면 몇 분간 더 구워서 색이 노릇노릇해졌는지 확인한다. 다 구워졌으면 케이크 식힘망에 올리고 충분히 식힌다.

32.
건포도 로열 드롭 쿠키

사과즙에 벌꿀과 건포도를 넣어 만든 쿠키는
부드러운 단맛이 특징입니다. 맛의 비결은 말린
과일을 감싼 가벼운 반죽입니다.
만드는 방법 ⇒ 60쪽

33.
무화과 로열 드롭 쿠키

무화과의 톡톡 터지는 식감과 바삭바삭한
로열틴은 기분을 좋아지게 합니다. 생크림을 더해
풍미가 진합니다.
만드는 방법 ⇒ 60쪽

34.
크로캉 croquant

프랑스어로 '와삭와삭하다'는 의미가 있는 단어 '크로캉'.
아몬드에 반죽을 얇게 코팅한 가벼운 쿠키를 먹으며
이름 그대로의 식감을 즐겨보세요.
만드는 방법 ⇒ 61쪽

32. 건포도 로열 드롭 쿠키

| 재료 | 지름 3cm 크기 46개분

A ┌ 볶지 않은 참기름(흰색)…35g
   │ 벌꿀…30g
   └ 사과즙(과즙 100%)…70g
소금…0.3g
건포도…50g
B ┌ 박력분…100g
   │ 아몬드 파우더…25g
   └ 베이킹파우더…1.5g
로열틴(23쪽 참조)…40g

| 사전준비 |

· **B**를 섞어서 체에 내린다.
· 오븐은 170도로 예열한다.
· 오븐 팬에 오븐 시트를 깐다.

| 만드는 방법 |

1 볼에 **A**를 넣고, 거품기로 저어 유화시킨다.
2 소금과 건포도를 넣고, 고무 주걱으로 잘 섞는다.
3 **B**를 넣고, 고무 주걱으로 다시 잘 섞는다. 로열틴을 넣고 고무 주걱으로 재빨리 저어 섞는다.
4 스푼으로 떠서 오븐 팬 위에 적당한 간격을 두고 작고 얇게 올린다.
5 170도로 예열한 오븐에서 15분간 굽는다. 한 장을 꺼내 반으로 갈라보았을 때 속까지 익었다면 다 구워진 것이니, 스패츌러로 꺼낸다. 덜 구워진 게 있다면 몇 분간 더 구워서 위와 동일하게 확인한다. 다 구워졌으면 케이크 식힘망에 올려 충분히 식힌다.

33. 무화과 로열 드롭 쿠키

| 재료 | 지름 4cm 크기 30개분

A ┌ 볶지 않은 참기름(흰색)…35g
   │ 벌꿀…30g
   └ 생크림…70g
소금…0.3g
B ┌ 박력분…100g
   │ 아몬드 파우더…25g
   └ 베이킹파우더…1.5g
로열틴…40g

● 시럽
┌ 그래뉴당…50g
└ 물…50g
무화과(반건조)…50g
브라운슈거(마무리용)…적당량

| 사전준비 |

· 시럽 재료를 끓인 다음, 잘게 다진 무화과를 넣고 하룻밤 재운다.
· 그 외는 '건포도 로열 드롭 쿠키'와 동일하게 준비한다.

| 만드는 방법 |

1 볼에 **A**를 넣고, 거품기로 저어 유화시킨다.
2 소금을 넣고, 고무 주걱으로 잘 섞는다.
3 무화과 30조각을 장식용으로 따로 두고, 나머지는 볼에 넣어 고무 주걱으로 잘 섞는다.
4 위의 **3~4**번 과정을 참조해, 오븐 팬에 반죽을 놓는다. 장식용 무화과를 위에 올린 다음 손가락으로 살짝 눌러 반죽에 파묻히게 한다. 위에 브라운슈거를 뿌린다.
5 위의 5번 과정을 참조해, 동일하게 굽는다.

34. 크로캉

┃ 재료 ┃ 지름 3.5cm 크기 35개분

아몬드(생)…35g

슈거 파우더…60g

달걀흰자…25g

박력분…25g

달걀(마무리용)…적당량

┃ 사전준비 ┃

· 아몬드를 잘게 다진다. 어느 정도로 다질지는 취향에 따라 마음대로 하면 되는데, 잘게 다지는 편이 반죽 전체에 고루 잘 섞인다.

· 달걀흰자는 필요한 분량을 계량해서 잘 풀어준다.

· 슈거 파우더와 박력분은 각각 체에 내린다.

· 달걀은 잘 풀어둔다.

· 오븐은 170도로 예열한다.

· 오븐 팬에 오븐 시트를 깐다.

┃ 만드는 방법 ┃

1 아몬드를 넣고, 슈거 파우더를 넣는다. 아몬드를 슈거 파우더로 코팅한다는 느낌으로 고무 주걱을 이용해 섞는다.

2 달걀흰자를 넣고, 고무 주걱으로 잘 섞어준다.

3 박력분을 넣고 고무 주걱으로 다시 잘 섞어준다(**a**).

4 **3**을 스푼으로 떠서, 오븐 팬 위에 적당한 간격으로 놓는다. 가급적 얇게, 동일한 크기로 반죽을 올린다.

5 솔을 이용해 달걀물을 반죽 표면에 바르고, 170도로 예열한 오븐에서 10분간 굽는다. 전체적으로 노릇노릇한 색이 선명해지고, 특히 균열이 간 부분에 색이 진해지면 스패츌러로 꺼낸다. 덜 구워진 경우, 몇 분간 더 구운 다음 색을 확인해본다. 다 구워졌으면 케이크 식힘망에 올려 충분히 식힌다.

짜서 만드는 쿠키

공기를 잔뜩 머금은 반죽을 짜서 구운 쿠키입니다. 모두 짤주머니에
별 깍지를 끼워 사용합니다. 동일한 깍지여도 짜는 방향을 바꾸는
것만으로도 느낌이 다른 쿠키가 완성됩니다.

35.
빅토리아

가운데 올린 잼이 포인트입니다. 자신이 좋아하는
잼을 올리면 되는데, 특히 붉은색 잼을 올리면
시선을 확 사로잡는 쿠키가 됩니다.
만드는 방법 →64쪽

36.
메이플

메이플 슈거를 사용해 만든 쿠키입니다. 은은하게
풍기는 메이플 향이 고급스러운 풍미를 완성합니다.
좌우로 짜는 단순한 방법으로 우아하게 만들어보세요.
만드는 방법 →65쪽

37.
아니스

코코아 베이스로 만든 반죽에 아니스를 살짝
더해서 만듭니다. 길게 짜서 반으로 잘라 모양을
일정하게 만들어줍니다.

만드는 방법 ⇒ 65쪽

38.
스파이스

좋아하는 향신료로 만들면 되는데, 이번에는 시나몬으로
만들어보았습니다. 반죽을 한 번 짜서 작게 만드는 만큼,
쿠키 상자의 애매한 틈을 활용해 넣기에 매우 좋아요.

만드는 방법 ⇒ 65쪽

35. 빅토리아

▮ 재료 ▮ 지름 2.5cm 크기 70개분

무염버터…100g

슈거 파우더…43g

소금…1.6g

달걀흰자…26g

박력분…120g

좋아하는 잼…적당량

▮ 사전준비 ▮

· 버터는 실온 상태로 준비한다.

· 달걀흰자는 필요한 분량만큼 계량해서 잘 풀어둔다.

· 슈거 파우더와 박력분은 각각 체에 내린다.

· 오븐은 160도로 예열한다.

· 오븐 팬에 오븐 시트를 깐다.

1 고무 주걱으로 힘을 줬을 때 뭉개지는 상태의 버터를 볼에 넣고, 고무 주걱으로 풀어준다. 슈거 파우더와 소금을 넣고, 고무 주걱으로 반죽을 누르듯이 하며 섞는다.

2 전체적으로 매끈해지면 핸드믹서(고속)로 5분간 섞는다.

3 공기를 머금어 반죽이 하얘진다.

> 이때도 반죽이 부드러워지면 바닥에 얼음물을 댄다.

4 중간에 반죽이 부드러워지고 뿔이 길게 서면 볼 바닥에 얼음물을 대고, 뿔이 단단히 설 때까지 휘핑한다.

5 달걀흰자를 절반 넣고, 핸드믹서(고속)로 1~2분간 휘핑한다. 반죽이 섞이면 남은 달걀흰자를 넣고 마찬가지로 휘핑한다.

6 달걀흰자가 완전히 섞이고 뿔 모양이 제대로 설 정도가 되면 휘핑이 다 된 것이다.

7 박력분을 한 번에 넣고, 고무 주걱으로 반죽을 자르듯이 하며 두 번 섞고 세 번째에 반죽을 뒤집는다. 하나, 둘, 셋 일정한 리듬에 따라 반죽을 치대지 말고 잘 섞는다.

8 더 이상 가루가 보이지 않고 반죽이 고무 주걱에 달라붙어 섞기 힘들어지면 다 된 것이다. 스크래이퍼로 고무 주걱에 붙은 반죽을 긁어내린다.

9 고무 주걱의 평평한 면을 이용해서 반죽을 앞쪽으로 조금씩 무너뜨리듯이 옮기면서, 반죽 전체에 기포가 남아 있되 덩어리 없이 균일하도록 만든다.

> 잼이 끈적하게 달라붙지 않도록 완성하는 것이 중요하다.

별 깍지 8-6을 끼운 짤 주머니에 반죽을 넣는다. 오븐 팬에 적당한 간격을 두어 원형으로 짠다. 남은 반죽은 또 다른 시트에 동일하게 짜준다. (짜는 방법은 66~67쪽 참조)

160도로 예열한 오븐에서 15분간 굽고 꺼낸다. 스푼으로 잼을 떠서 반죽 가운데에 올린다. 다시 오븐에 넣고, 5분가량 굽는다.

잼이 끓어서 튀기 시작하면 스패출러로 꺼낸다. 다 구워진 것부터 케이크 식힘망에 올려 충분히 식힌다.

---

36. 메이플 ● 38. 스파이스

| 재료 | 메이플: 3 x 5cm 크기 36개분 (스파이스: 지름 1cm 크기 200개분)

● 메이플

무염버터…100g
슈거 파우더…14g   메이플슈거…30g
소금…1.6g   달걀흰자…26g   박력분…120g

● 스파이스

시나몬…5g
잼과 위의 재료 외에는 64쪽 '빅토리아' 참조

| 사전준비 |

· 64쪽 '빅토리아'와 동일하게 준비한다.

| 만드는 방법 |

1 64쪽의 **1**번 과정을 참조해, 그와 동일하게 버터를 풀고 슈거 파우더, 메이플슈거, 소금을 넣은 다음 고무 주걱으로 반죽을 누르듯이 하며 섞는다. ('스파이스'의 경우 메이플 슈거를 넣는 대신 시나몬을 넣는다.)

2 64쪽의 **2~9**번 과정을 참조해, 그와 동일하게 반죽을 만들고 짤주머니에 넣어 짠다. (66~67쪽 참조)

3 160도로 예열한 오븐에서 20분간 굽는다. 전체적으로 색이 노릇노릇해지면 스패출러로 꺼낸다. 덜 구워진 게 있다면 몇 분간 더 구운 다음 색을 확인해본다. 다 구워졌으면 케이크 식힘망에 올려 충분히 식힌다.

> 단맛이 좀 부족하다 싶으면 다 구운 다음 열기를 식히고, 슈거 파우더를 뿌려주면 된다.

---

37. 아니스

| 재료 | 7cm 크기 130개분

무염버터…120g
슈거 파우더…120g
소금…2g
달걀흰자…45g
A (박력분 150g + 코코아 30g + 아니스 2g)
슈거 파우더(마무리용)…적당량

| 사전준비 |

· **A**를 합쳐서 체에 내려둔다.
· 오븐은 170도로 예열한다.
· 그 외에는 64쪽 '빅토리아'와 동일하게 준비한다.

| 만드는 방법 |

1 64쪽 **1~6**번 과정과 동일하게 반죽을 휘핑한다.

2 64쪽 **7**번 과정에서 박력분 대신 **A**를 한 번에 넣고, **8~9**번 과정과 동일하게 잘 섞어준다.

3 별 깍지 8-6을 끼운 짤 주머니에 반죽을 넣는다. 오븐 팬에 적당한 간격을 두어 반죽을 짠다. (66~67쪽 참조) 남은 반죽은 또 다른 시트에 동일하게 짜고, 냉동실에 넣어둔다.

4 170도로 예열한 오븐에서 8분 동안 굽고, 오븐 팬의 앞뒤를 바꿔서 다시 넣어준 다음 5분간 더 굽는다. 전체적으로 색이 노릇노릇해졌는지 확인하고, 덜 구워진 것은 몇 분간 더 구워서 색을 확인해본다. 다 구워졌으면 케이크 식힘망에 올려 충분히 식힌다.

5 슈거 파우더를 체에 내려 뿌려준다.

반죽을 짜는 방법과 응용

짤주머니를 쓰는 방법과 반죽 짜는 방법의 포인트를 잡아
다양한 모양 만들기에 도전해보아요.

셸　　　　별똥별　　　　　　　고리　　　　　　　　별 고리

짤주머니 쓰는 방법

1 이 책에서는 별 모양 깍지 8-6(8날, 6mm 구경)을 사용합니다
　(**a**). 짤주머니에 깍지를 끼우고, 한 손으로 깍지를 누르면서 주
　머니를 팽팽히 잡아당겨 주머니 끝에 깍지를 고정합니다(**b**).

2 짤주머니 입구 부분을 주머니 끝까지 오게 접고(**c**), 반죽을 넣
　습니다(**d**). 마지막까지 깔끔하게 짜려면 반죽을 주머니 전체에
　넣지 말고 가급적 아래쪽으로 집중해서 넣으세요.

3 깍지 끝에서 반죽이 나올 때까지, 주머니를 비틀어줍니다(**e**).
　비튼 끝 부분을 편한 손의 엄지와 검지 사이에 끼우고, 비튼
　끝 부분이 손가락 바로 위에 올 때까지 반대쪽 손으로 주머니
　를 잡아당깁니다. 짤주머니는 언제나 팽팽하게 잡아당긴 상태
　에서 짭니다(**f**).

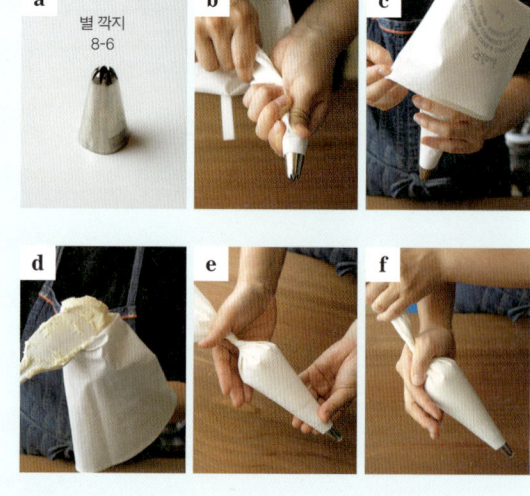

a 별 깍지 8-6

짜는 방법

35. 빅토리아

【 장미 】

1. 오븐 팬에서 위로 5mm 떨어진 지점에 짤주머니를 수직으로 대고, 끝까지 깍지 높이를 일정하게 유지하면서 안쪽에서 바깥쪽으로 동그랗게 짤주머니를 움직여 반죽을 짠다.
2. 짜기 시작한 지점과 끝나는 지점이 딱 맞물려서 깔끔한 원이 되면 잘한 것이다.

36. 메이플

【 물결 모양 】

1. 오븐 팬에서 위로 5mm 떨어진 지점에 짤주머니를 수직으로 대고, 끝까지 깍지 높이를 일정하게 유지하면서 좌우 동일한 폭으로 지그재그를 그리며 짠다.
2. 곡선이 다섯 번 그려지면 다 된 것이다.

37. 아니스

【 라인 】

1. 오븐 팬 위에서 짤주머니를 45도로 비스듬히 쥐고, 짤주머니를 오른쪽으로 기울인 채로 왼쪽에서 오른쪽으로 한 줄을 짠다.
2. 2개를 합친 길이만큼 짠 다음 냉동실에 넣어 굳히고 반으로 자른다.

38. 스파이스

【 별 】

1. 오븐 팬에서 위로 5mm 떨어진 지점에 짤주머니를 수직으로 대고, 끝까지 깍지 높이를 일정하게 유지하면서 반죽을 짠다.
2. 반죽이 깍지 높이만큼 올라오면 손의 힘을 빼고 위로 끌어올린다.

【 셀 】

1. 오븐 팬에 깍지를 대고, 짤주머니를 비스듬히 45도로 기울인 다음 힘을 동일하게 주어 위쪽에서 몸 쪽으로 쓱 움직여 짠다.
2. 몸 쪽으로 내려왔으면 바로 힘을 빼면서 반죽이 가늘어지도록 오븐 팬에 깍지를 대고 반죽을 끊는다.

【 별똥별 】

1. 오븐 팬에서 위로 5mm 떨어진 지점에 짤주머니를 수직으로 대고, 끝까지 깍지 높이를 일정하게 유지하면서 짠 다음 수직으로 들어올린다.
2. 별 크기가 대, 중, 소로 점점 작아지게 짠다.
＊ 구우면서 반죽 크기가 커질 때 별들이 서로 연결될 수 있도록, 반죽을 짤 때는 약간 간격을 두어서 짜는 것이 깔끔하게 완성하는 요령이다.

【 고리 】

1. 원형 틀에 가루를 뿌린 다음 오븐 팬 위에 놓고 고리 모양의 윤곽선을 만든다. 짤주머니를 수직으로 세우고 깍지가 약간 높이 오게 잡는다. 깍지 굵기만한 반죽을 윤곽선 위에 늘어뜨린다는 기분으로 짠다.
2. 늘어뜨린 반죽의 시작점과 마지막 지점이 딱 맞게 연결되도록 하면 다 짠 것이다.

【 별 고리 】

1. 원형 틀에 가루를 뿌린 다음 오븐 팬 위에 놓고 고리 모양의 윤곽선을 만든다. 오븐 팬에서 위로 5mm 떨어진 지점에 짤주머니를 수직으로 대고, 끝까지 깍지 높이를 일정하게 유지하면서 반죽을 짠다.
2. 같은 크기의 별 모양으로 쭉 이어서 고리 모양이 되게 짠다.
＊ 한 번 짜고 다음 별 모양을 짤 때 그 사이사이에 약간 틈을 두고 짜면 예쁘게 완성된다.

39.
레몬 머랭

낮은 온도에서 서서히 구우면 색이 예쁘게 나오고 오래
보관할 수 있습니다. 눅눅해지기 쉬우니, 밀폐용기에
건조제를 넉넉히 넣어 그 안에 보관해주세요.
만드는 방법 ⇒ 72쪽

40.
커피 머랭

식감은 가볍지만 커피의 맛은 묵직하게
살아있습니다. 커피 대신 홍차 분말을 넣어서
만들어도 좋아요.
만드는 방법 ⇒ 72쪽

41.
커민 비스퀴^{biscuit}

커민의 독특한 향에 무심코 손이 자꾸만 가는
한입 크기의 쿠키입니다.
만드는 방법 ⇒ 73쪽

42.
홍차 비스퀴

홍차의 풍미가 입 안 가득 퍼지는
산뜻한 식감의 쿠키입니다.
만드는 방법 ⇒ 73쪽

43.
프랄리네 샌드 랑그 드 샤 langue de chat

프랑스어로 '고양이의 혀'를 의미하는 단어인 랑그 드 샤.
얇게 굽는 쿠키입니다. 새하얀 반죽 가장자리가 살짝
노릇노릇해지면 맛있게 구워졌다는 뜻입니다.
만드는 방법 ⇒ 74쪽

44.
허브티 랑그 드 샤

프랄리네 샌드와 같은 반죽에 허브티를 올려 구웠습니다.
반죽이 얇은 만큼 허브티의 향이 잘 살아납니다.
만드는 방법 ⇒ 75쪽

39. 레몬 머랭

ㅣ 재료 ㅣ 지름 2cm 크기 70개분

달걀흰자···30g
레몬즙···10g
그래뉴당···45g
슈거 파우더···25g
레몬 껍질···1개분

ㅣ 사전준비 ㅣ

· 레몬 껍질은 제스터(23쪽 참조)로 갈아서 과즙을 짠다.
· 달걀흰자는 필요한 분량을 계량한다.
· 슈거 파우더는 체에 내려둔다.
· 오븐은 100도로 예열한다.
· 오븐 팬에 오븐 시트를 깐다.

ㅣ 만드는 방법 ㅣ

1 볼에 달걀흰자와 레몬즙을 넣는다. 그래뉴당을 한 꼬집 집어서 넣은 다음, 핸드믹서(고속)로 반죽이 새하얘질 때까지 30초~1분가량 휘핑한다.

2 남은 그래뉴당을 넣고, 핸드믹서(저속)로 5분간 휘핑해서 결이 고운 머랭을 만든다.

3 슈거 파우더와 레몬 껍질을 넣고 고무 주걱으로 가볍게 섞어준다.

4 짤주머니에 지름 1cm 크기의 원형 깍지를 끼우고, 반죽을 넣는다. 오븐 팬에 적당한 간격을 두고 지름 2cm 정도의 반죽을 원하는 모양으로 짠다. (66~67쪽 참조) 남은 반죽은 또 다른 시트에 동일하게 짜둔다.

5 100도로 예열한 오븐에 150분간 굽는다. 하나를 꺼내서 반을 갈라보았을 때 속이 말라 있다면 다 구워진 것이다. 오븐에 넣어둔 상태 그대로 충분히 식힌다.

＊ 눅눅해지기 쉬우니 반드시 밀폐용기에 넣고, 건조제를 넉넉히 넣어서 보관한다.

---

40. 커피 머랭

ㅣ 재료 ㅣ 2,5 x 3,5cm 크기 70개분

달걀흰자···40g
그래뉴당···40g
슈거 파우더···25g
인스턴트 커피···3g

ㅣ 사전준비 ㅣ

· 달걀흰자는 필요한 분량만큼 계량한다.
· 슈거 파우더는 체에 내려둔다.
· 오븐은 100도로 예열한다.
· 오븐 팬에 오븐 시트를 깐다.

ㅣ 만드는 방법 ㅣ

1 볼에 달걀흰자를 넣고, 그래뉴당을 한 꼬집 넣는다. 핸드믹서(고속)로 반죽이 새하얘질 때까지 30초~1분간 휘핑한다.

2 남은 그래뉴당을 넣고, 핸드믹서(저속)로 5분가량 휘핑하여 결이 고운 머랭을 만든다.

3 슈거 파우더와 커피를 넣고, 고무 주걱으로 가볍게 섞어준다.

4 짤주머니에 별 깍지 12-8을 끼우고 반죽을 넣는다. 오븐 팬에 적당한 간격을 두어 2,5 x 3,5cm 크기를 기준으로 원하는 모양으로 반죽을 짠다. (66~67쪽) 남은 반죽은 또 다른 시트에 동일하게 짜둔다.

5 위의 '레몬 머랭'의 **5**번 과정과 동일하게 굽는다.

＊ 눅눅해지기 쉬우니 반드시 밀폐용기에 넣고, 건조제를 넉넉히 넣어서 보관한다.

다 짜고 났을 때 반죽의 끝 지점이 뾰족하게 서지 않을 정도로 반죽의 농도를 맞춘다.

41. 커민 비스퀴

| **재료** | 지름 3cm 크기 원형틀 60개분

달걀…60g

그래뉴당…70g

A ⌈ 박력분…70g
　 ⌊ 커민 파우더(a)…3g

| **사전준비** |

· 달걀은 필요한 분량만큼 계량한다.

· A를 합쳐서 체에 내려둔다.

· 오븐은 150도로 예열한다.

· 오븐 팬에 오븐 시트를 깐다.

커민 파우더

카레 향으로 우리에게 익숙한 깊은 맛의 향신료. 달콤한 반죽과도 궁합이 잘 맞는다. 스파이스 쿠키에 주로 사용한다.

| **만드는 방법** |

1 볼에 달걀과 그래뉴당을 넣고 중탕을 하면서, 핸드믹서(고속)로 5~7분간 휘핑한다.

2 A를 넣고 고무 주걱으로 100번쯤 잘 섞어준다.

3 짤주머니에 지름 8mm 크기의 원형 깍지를 끼우고 반죽을 넣는다. 오븐 팬에 적당한 간격을 두어 반죽을 지름 3cm 크기를 기준으로 동그랗게 짠다. (66~67쪽 참조) 그래뉴당(레시피 표기 분량 외)을 뿌리고, 반죽에 손을 대었을 때 손에 묻어나지 않을 정도가 될 때까지 반나절 정도 상온에서 말린다(b).

4 150도로 예열한 오븐에서 15~20분간 굽는다. 하나를 꺼내 반을 갈라보았을 때 속이 말라 있으면 스패츌러로 꺼낸다. 덜 구워진 게 있다면 몇 분간 더 구워서 다시 확인해본다. 너무 많이 구워서 색이 짙어지지 않도록 주의한다. 다 구워졌으면 케이크 식힘망에 올려 충분히 식힌다.

＊ 눅눅해지기 쉬우니 반드시 밀폐용기에 넣고, 건조제를 넉넉히 넣어서 보관한다.

---

42. 홍차 비스퀴

| **재료** | 7cm 크기 50개분

얼그레이 티(찻잎)…2g

커민 대신 얼그레이 티를 쓴다.

그 외에는 '커민 비스퀴' 참조

| **사전준비** |

· 얼그레이 찻잎은 그라인더로 잘게 갈아둔다.

· A의 박력분과 합쳐서 체에 내린다.

· 그 외에는 '커민 비스퀴'와 동일하게 준비한다.

| **만드는 방법** |

1 위의 1~2번 과정을 참조해 그와 동일하게 섞는다.

2 위의 3번 과정을 참조해 7cm 길이를 기준으로 반죽을 막대 모양으로 짠다. (66~67쪽 참조) 동일하게 말린다.

3 위의 4번 과정을 참조해 그와 동일하게 굽는다.

＊ 눅눅해지기 쉬우니 반드시 밀폐용기에 넣고, 건조제를 넉넉히 넣어서 보관한다.

43. 프랄리네 샌드 랑그 드 샤

| 재료 | 지름 2.5cm 크기 29쌍분

무염버터…30g

슈거 파우더…30g

아몬드 파우더…15g

달걀흰자…30g

A │ 박력분…15g
│ 강력분…15g

● 프랄리네 크림
│ 아몬드 프랄리네…9g
│ 화이트 초콜릿…18g

| 사전준비 |

· 버터와 달걀은 실온 상태로 준비한다.

· 슈거 파우더는 체에 내려둔다.

· 달걀흰자는 필요한 분량만큼 계량해서 잘 풀어둔다.

· 볼에 프랄리네 크림 재료를 넣고, 중탕하며 섞는다.

· **A**를 합쳐서 체에 내린다.

· 오븐은 160도로 예열한다.

· 오븐 팬에 오븐 시트를 깐다.

볼에 버터를 넣고, 고무 주걱으로 젓는다.

슈거 파우더를 넣는다.

공기가 들어가지 않도록 주의하면서, 고무 주걱으로 반죽을 누르듯이 섞는다. 더 이상 가루가 보이지 않고 잘 섞여들었다면, 아몬드 파우더를 넣고 동일하게 섞는다.

달걀흰자를 조금씩 넣는다.

달걀흰자를 넣고 바로 잘 섞어준다. 분리되지 않을 정도가 되면, 달걀흰자를 또 조금 넣어주고 섞기를 반복한다.

반죽이 하얘지고, 볼 바닥에서 떨어질 때까지 섞어서 유화시킨다.

A를 한 번에 넣고 고무 주걱으로 가볍게 섞어준다.

더 이상 가루가 보이지 않고, 반죽이 한 덩어리로 뭉쳐져 볼 바닥에서 떨어지게 되면 다 섞인 것이다.

남은 반죽은 또 다른 시트에 동일하게 짠 다음 냉동실에 넣어둔다.

짤주머니에 지름 1cm의 원형 깍지를 끼우고 반죽을 넣는다. 오븐 팬에 간격을 넉넉히 두어 반죽을 짠다. (66~67쪽 참조) 오븐 팬 위에 짤주머니를 수직으로 대고, 지름 1.5cm 정도의 크기로 동그랗고 얇게 짠다.

덜 구워진 게 있다면 2분쯤 더 구워서 확인해본다.

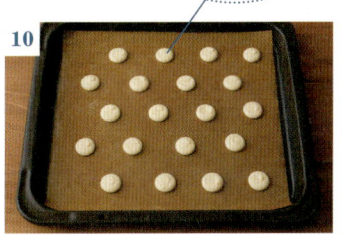

160도로 예열한 오븐에서 8분간 굽는다. 전체적으로 살짝 노릇노릇해지면 스패츌러로 꺼낸다. 다 구워졌으면 케이크 식힘망에 올려 충분히 식힌다.

트레이에 **10**을 놓고, 겉면이 위로 오게 한 줄 놓고 그 다음 줄은 겉면이 밑으로 가게 해서 한 줄 놓기를 반복한다. 겉면이 밑으로 가고 안쪽 면이 위에 올라온 쿠키에 스푼을 이용해서 프랄리네 크림을 올린다.

크림을 올린 쿠키에, 겉면이 위로 올라온 쿠키를 올려 샌드를 만들고, 냉장실에 3분쯤 넣어 굳힌다. 오래 넣어두면 습기가 차니 주의한다.

44. 허브티 랑그 드 샤

｜재료｜ 지름 2.5cm 크기 대략 58개분

좋아하는 허브티(사과 칩, 라벤더, 장미 등)…적당량
프랄리네 크림과 위의 재료 외에는 '프랄리네 샌드 랑그 드 샤' 참조

｜사전준비｜

· 프랄리네 크림 외에는 '프랄리네 샌드 랑그 드 샤'와 동일하게 준비한다.

｜만드는 방법｜

1 74~75쪽 **1~9**번 과정을 참조해서 반죽을 짜고, 잘게 다진 허브티를 올린다.

2 위의 **10**번 과정을 참조해 굽고, 다 구워졌으면 케이크 식힘망에 올려 충분히 식힌다.

45. 치즈 스틱

원형 깍지를 끼운 짤주머니로 가늘게 짜서 만드는 막대 모양
쿠키입니다. 치즈와 톡 쏘는 흑후추가 잘 어우러집니다.
위에 핑크페퍼를 올려서 장식했습니다.

┃ 재료 ┃ 8cm 크기 막대 모양 40개분

무염버터…50g

그래뉴당…7.5g

소금…1g

A ┌ 달걀…10g
└ 생크림…10g

파르메산 치즈 분말(셀룰로오스 무첨가)…30g

B ┌ 박력분…50g
└ 강력분…11g

흑후추…적당량

핑크페퍼…적당량

┃ 사전준비 ┃

· 버터와 달걀은 실온 상태로 준비한다.

· 달걀은 필요한 분량만큼 계량해, 잘 풀어준 다음 생크림
에 합쳐둔다.

· 박력분, 강력분은 합쳐서 체에 내린 다음 파르메산 치즈
와 합친다.

· 오븐은 170도로 예열한다.

· 오븐 팬에 오븐 시트를 깐다.

┃ 만드는 방법 ┃

1 볼에 버터를 넣고, 고무 주걱으로 젓는다.

2 그래뉴당과 소금을 넣고, 공기가 들어가지 않도록 주의하
면서 고무 주걱으로 반죽을 누르듯이 섞어준다.

3 **A**를 조금씩 넣고, 그때마다 고무 주걱으로 잘 섞어 유
화시킨다.

4 **B**를 한 번에 넣고, 고무 주걱으로 반죽을 자르듯이 두 번
섞고 세 번째에 반죽을 뒤집는다. 하나, 둘, 셋 일정한 리
듬에 따라 반죽을 치대지 않도록 섞어준다.

5 더 이상 가루가 보이지 않고 반죽이 고무 주걱에 달라붙
어 섞기가 힘들어지면 다 섞인 것이다. 스크래이퍼로 고
무 주걱에 붙은 반죽을 긁어내린다.

6 고무 주걱의 평평한 면을 이용해 반죽을 앞쪽으로 조금
씩 무너뜨리면서 옮겨서, 반죽 전체가 덩어리 없이 매끈
하게 만들어준다.

7 흑후추를 원하는 만큼 넣고 가볍게 섞어준다.

8 짤주머니에 지름 6mm 크기의 원형 깍지를 끼우고 반죽
을 넣는다. (66쪽 참조) 오븐 팬 위에 넉넉한 간격으로 짠
다. 오븐 팬 위로 짤주머니를 비스듬히 45도로 기울이고,
왼쪽에서 오른쪽으로 쓱 하고 한 줄의 직선을 긋듯이 짠
다. 남은 반죽도 또 다른 시트에 동일하게 짠 다음 냉장
실에 넣어둔다.

9 핑크페퍼를 손가락 끝으로 부수어 올린다.

10 170도로 예열한 오븐에서 10분간 굽는다. 전체적으로 노
릇노릇해졌으면 스패출러로 꺼낸다. 덜 구워진 게 있다면
몇 분 정도 더 구운 다음 색을 확인해본다. 다 구워졌으면
케이크 식힘망에 올려 충분히 식힌다.

Column

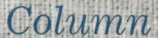

쿠키 상자 채우는 방법

적은 종류로도 상자를 예쁘게 채울 수 있는 기술과 다양한 상자를 활용한 아이디어들을 소개합니다. 누군가를 위해서는 물론 자신에게 주는 선물용으로 '수제쿠키'에 꼭 한번 도전해보세요.

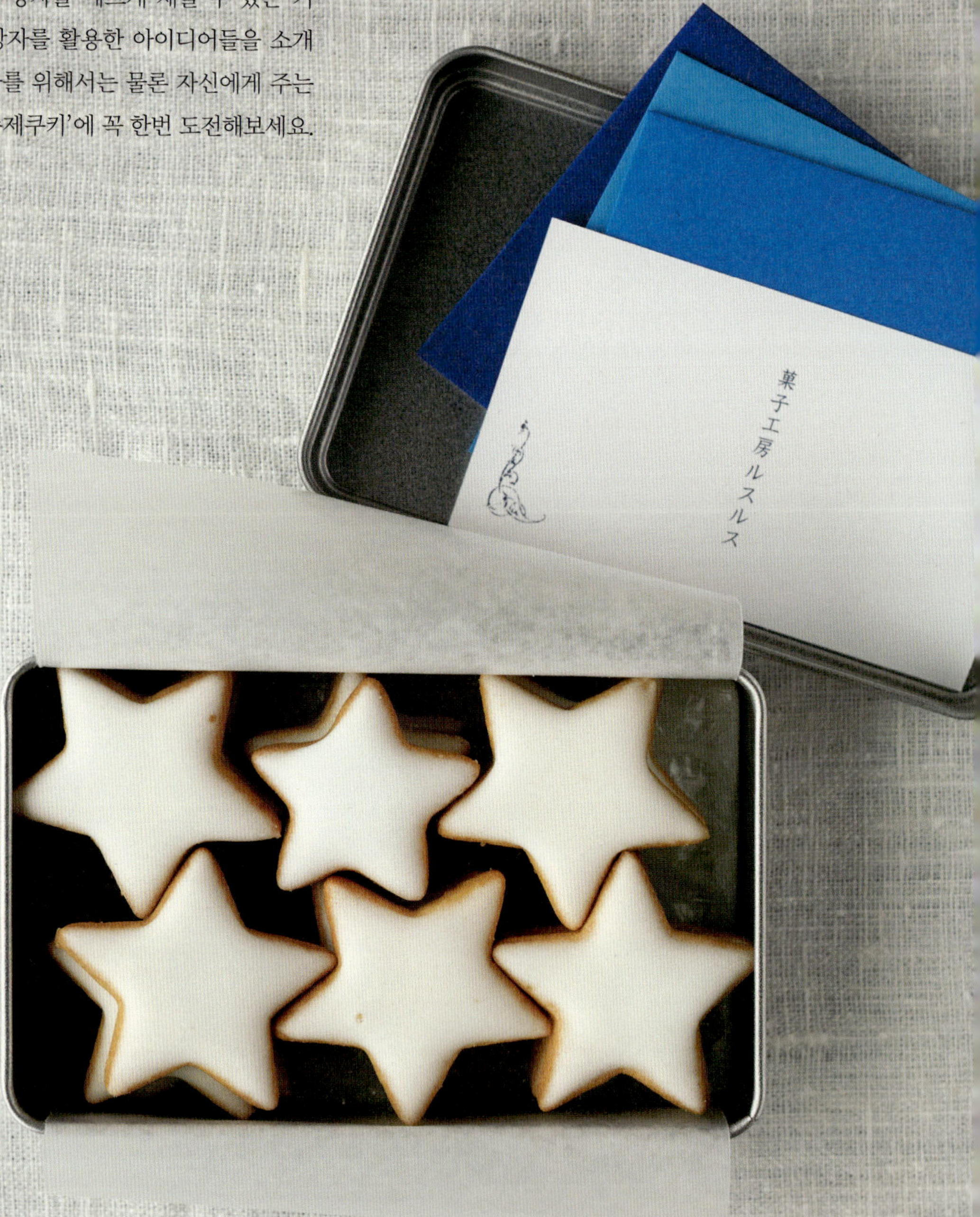

상자를 채우는 기본적인 방법

우선 쿠키 세 종류(80쪽)를 이용해서, 상자를 채우는 기본적인 방법을 소개합니다.
쿠키는 남는 공간이 없게 채우는 것이 핵심입니다. 상자는 집에 있는 것 중 마음에 드는
어떤 것이든 괜찮지만, 어느 정도 밀폐가 되는 상자를 추천합니다. 여기서 설명하는
요령을 익히고 나면 좋아하는 모양의 쿠키를 채우면서 직접 즐겨보세요.

1

마음에 드는 상자를 준비한다. 여기에서는
사각형 상자(8 x 11 x 3cm)를 사용한다. 바
로 먹지 않을 경우 건조제를 넣고, 상자 크
기에 맞게 왁스 페이퍼(내유성耐油性이 있는
종이라면 어떤 것이든 무방하다)를 자른다.

＊왁스 페이퍼의 양쪽 가장자리는 마지막에 덮개 역할
을 해야 하므로, 조금 길게 남겨둔다. 바닥 면의 크기에
맞춰 접어서 선을 낸다.

2

테두리 쿠키를 넣어준다. 살짝 큰 쿠키를 끝
에서부터 넣으면 균형을 맞추기가 수월하
다. 또 원형이라 안정감이 없는 쿠키는 제일
아래 하나를 눕힌 다음 그 위에서 비스듬히
놓으면 자리를 잘 잡을 수 있다.

3

피칸 너츠 쿠키를 세워서 2개 넣어준다.

4

피칸 너츠 쿠키의 겉면이 위로 오게 해서
위아래로 2개씩 넣는다. 같은 쿠키를 이렇
게 눕혀서 넣고 또 세워서 넣는 식으로 서
로 다른 면이 보이게 넣으면 먹음직스러워
보인다. 상단은 마지막에 균형을 잡아보고
조정을 해야 하니, 3개씩 쌓지는 말고 그대
로 둔다.

5

아니스 쿠키를 넣는다. 가장 위에는 색이나
모양이 예쁘게 된 쿠키를 골라서, 남겨둔 공
간에 각각 잘 들어맞게 넣어준다. 마지막으
로 빈틈이 없는지 전체적으로 확인해보고,
신경 쓰이는 부분이 있다면 놓는 방법이나
쿠키를 바꿔본다.

6

1의 왁스 페이퍼로 쿠키 위를 덮고, 뚜껑을
잘 닫아주면 완성.

상자를 채우는 방법 응용편

상자를 채우는 기본적인 방법으로 상자(8 x 11 x 3cm)에 2종류, 3종류의 쿠키를 채워보았습니다.
모양, 색깔 조화, 맛의 궁합 등 통마다 다양한 쿠키 조합으로 넣어보면 누군가에게 선물용으로도
손색없고 그저 보고만 있어도 기분이 좋아질 거예요.

2종 쿠키 박스

● 치즈 사블레에 치즈 스틱 등, 치즈라는 요소로 통일해 안줏거리로도 딱 좋은 한 상자. 네모난 쿠키는 평평하게 눕히거나 세워서 넣는 등 모서리가 있는 통에 넣을 때 빈틈없이 채울 수 있어 편리합니다.
⇒ 치즈 사블레·플레인(20쪽), 치즈 스틱(76쪽)

● 흑설탕 사블레와 무화과 로열 드롭 쿠키를 빈틈없이 깔아서, 부드러운 단맛을 즐길 수 있는 조합으로 완성했습니다. 삼각형 쿠키를 미리 모서리에 맞춰 넣으면 공간을 배치하는 게 수월해집니다.
⇒ 흑설탕 사블레(36쪽), 무화과 로열 드롭 쿠키(58쪽)

● 전립분 쿠키는 평평하게 눕혀 넣기도 하고 세워서 넣기도 해서 변화를 주고, 빈틈이 생기지 않도록 공간 배분을 신경 써서 배치했습니다. 같은 쿠키여도 몇 가지 다른 응용을 마련해두면 좋아요.
⇒ 전립분 쿠키(39쪽), 짜서 만드는 쿠키(62~63, 66쪽)

3종 쿠키 박스

● 크기가 서로 다른 사각형 쿠키들을 끼워 맞춰 넣었습니다. 샌드 쿠키의 겉면과 옆면을 다 볼 수 있도록 넣은 것이 포인트입니다. 겉면과 옆면의 느낌이 다른 쿠키가 있으면 좋습니다.
⇒ 플레인 쇼트브레드(44쪽), 레몬 쇼트브레드(45쪽), 엥가디너(88쪽)

● 샌드 쿠키는 층이 나뉘어 있는 면이 보이게 넣어도 좋아요. 머랭처럼 부풀어 오른 모양의 쿠키를 넣을 때는 방향을 어떻게 해서 넣어야 빈틈이 남지 않을지 궁리해서 넣어보세요.
⇒ 프랄리네 샌드 랑그 드 샤(70쪽), 레몬 머랭(68쪽), 레몬 슈거 샌드(17쪽)

● 상자를 채우는 기본적인 방법(79쪽)에서 소개했던 조합입니다. 어른들의 입맛에 맞는 쿠키들에, 색깔도 세 가지가 들어가 조화로운 상자로 완성했습니다.
⇒ 테두리 쿠키(34쪽), 피칸 너츠 쿠키(29쪽), 아니스(63쪽)

● 달 모양 폴보론에 원형 쿠키를 퍼즐 맞추듯이 맞춰 넣습니다. 남는 틈에 작은 커피 머랭을 넣으면 완성입니다.

● 작은 원형 상자라면 한 종류의 쿠키를 넣어보세요. 스노우볼, 초코 샌드 같은 두툼한 쿠키를 적당히 넣어봤습니다.

● 세 종류의 허브티 랑그 드 샤를 상자 가장자리를 따라 둥글둥글 나란히 넣습니다. 허브가 보일 수 있게 살짝살짝 어긋나게 넣는 것이 포인트입니다.

● 타원형 상자에는 여섯 종류의 쿠키를 넣었습니다. 곡선을 따라 아이스박스 쿠키와 짜서 만드는 쿠키를 넣고, 남는 틈에 아니스를 넣었습니다.

갖가지 모양의 상자를 채우는 방법 응용편

모양이나 포장이 귀여운 상자는 버리지 못하고 놓아두게 되지요. 그래서 여기에서는 집에 있는 상자를 이용해 쿠키를 채우는 방법 응용편을 소개합니다. 어떤 모양의 상자든 빈틈을 찾아 잘 채우면 예쁘게 완성할 수 있어요.

● 사각 상자에 일곱 종류의 쿠키를 넣었습니다. 쇼콜라 갈레트와 호두 스노우볼 등 형형색색의 쿠키를 넣어 알록달록 생기 있게 완성했습니다.

● 커다란 원형 상자에는 일곱 종류의 쿠키를 넣었습니다. 고리 모양으로 짜서 만든 쿠키를 중심으로, 가장자리를 둘러싼 쿠키의 방향을 일정하게 해 통일감을 주었습니다.

● 원형 쿠키 열 종류를 넣었습니다. 잼을 올린 쿠키와 색이 짙은 쿠키를 상자의 직선 부분에 맞춰 끝에 넣었습니다.

● 여덟 종류의 쿠키를 넣었습니다. 짜서 만든 쿠키와 모양틀 쿠키의 굴곡을 이용해서, 퍼즐을 맞추듯이 잘 맞춰서 고정시키는 것도 하나의 포인트입니다.

● 가늘고 긴 사각 상자에는 일곱 종류의 쿠키를 넣었습니다. 모서리에는 사각형과 삼각형 쿠키를 넣고, 남은 공간에 작은 쿠키들을 넣으면 정리가 됩니다.

오븐 팬 쿠키

반죽을 오븐 팬에 펴서 깔아, 커다란 상태로 구운 다음
잘라서 먹는 유형의 쿠키입니다. 만드는 보람이 있는 만큼,
완성했을 때의 성취감과 그 맛도 더욱 특별합니다.

46.
아몬드 플로랑탱

뚝뚝한 식감의 반죽에 아몬드를 듬뿍 넣은
누가를 올려 구웠습니다. 씹는 맛이 좋은
플로랑탱을 목표로 잘 구워보세요.

만드는 방법 ⇒ 84쪽

46.
아몬드 플로랑탱

| 재료 | 24 x 28cm 오븐 팬 크기 1개분

● 반죽

무염버터…150g

그래뉴당…75g

소금…0.6g

달걀…30g

A ┌ 박력분…225g
└ 베이킹파우더…2.7g

덧가루(강력분)…적당량

● 누가

┌ 그래뉴당…79g
│ 물엿…20g
A │ 벌꿀…16g
│ 생크림…50g
└ 무염버터…10g

얇게 저민 아몬드…62g

| 사전준비 |

· 버터와 달걀은 실온 상태로 준비한다.

· 달걀은 필요한 분량만큼 계량해서 잘 풀어둔다.

· **A**를 합쳐서 체에 내려둔다.

· 오븐 시트는 오븐 팬 크기에 딱 맞춰 준비한다.

1 볼에 버터를 넣고, 고무 주걱으로 젓는다.

2 그래뉴당과 소금을 넣고, 공기가 들어가지 않도록 주의하면서 고무 주걱으로 반죽을 누르듯이 섞는다.

3 달걀을 여러 번에 나누어 넣고, 그때마다 잘 저어 유화시킨다.

4 반죽이 분리되지 않고 한 덩어리로 뭉쳐져서 볼 바닥에서 떨어질 정도가 되면 다 섞인 것이다.

5 **A**를 한 번에 넣고, 고무 주걱으로 반죽을 자르듯이 두 번 섞고 세 번째에 반죽을 뒤집는다. 하나, 둘, 셋 일정한 리듬에 따라 반죽을 치대지 않도록 하면서 섞어준다.

6 고무 주걱의 평평한 면을 이용해, 반죽을 앞쪽으로 조금씩 무너뜨린 다음, 옮겨서 반죽 전체를 덩어리 없이 매끈하게 만든다.

7

반죽을 비닐 시트에 넣고, 위에서 밀대로 누른다.

8

네모나게 모아서, 접시에 올려 냉장실에 반나절 넣어둔다.

9

작업대에 올리고 손바닥으로 위에서 눌러 반죽을 풀어준다.

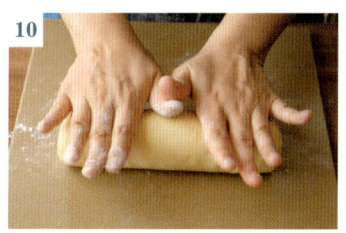

10

반죽을 뭉쳐서 덧가루를 뿌리면서 원통 모양으로 만든다.

11

덧가루를 뿌리면서 밀대를 가로 세로 방향으로 눌러 반죽을 펼친다.

12

오븐 시트를 대었을 때 반죽이 모든 가장자리 바깥으로 조금씩 나올 정도로 반죽을 편다. 반죽이 부드러워지면 작업대에 올린 채로 냉장고에 넣어 휴지시킨다.

13

밀대에 반죽을 감아서 시트를 깐 오븐 팬 위로 옮긴다.

14

오븐 팬의 모서리와 측면에 반죽을 대고 빈틈없이 깔아준다.

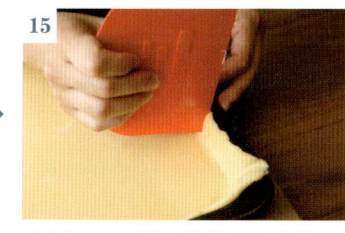

15

바닥에서 2mm 정도 올라오는 지점에 스크래이퍼로 몇 군데 표시를 해둔다. 측면 반죽이 너무 높이 올라오면 구웠을 때 반죽이 부서지기 쉽고, 반대로 측면 높이가 너무 낮으면 누가가 흘러넘치게 되므로 측면 높이를 균일하게 맞출 수 있도록 2mm 지점에 표시를 한다.

16

15에서 표시한 부분을 기준으로 스크래이퍼를 이용해 넘치는 반죽을 잘라낸다. 네 변을 동일하게 잘라낸다.

17

반죽 전체를 포크로 꾹꾹 찍어 공기가 빠져나갈 구멍을 만들어준다. 오븐 팬에 놓은 채로 냉장실에 넣어 차갑게 만든다.

18

덜 구워진 경우 몇 분간 더 구워서 색을 확인해본다.

아무것도 바르거나 추가하지 않고 **17**을 그대로 굽는다. 180도로 예열한 오븐에서 10분간 구워 살짝 노릇노릇한 색이 나면 꺼낸다.

19

누가를 만든다. 냄비에 **B**를 넣고 중불에 올린 다음, 타지 않도록 고무 주걱으로 저어주면서 끓을 때까지 가열한다. **18**에서 반죽이 다 구워지면 바로 누가를 부을 수 있도록 작업을 진행한다.

20

끓기 시작하면 얇게 저민 아몬드를 손으로 부수어 넣고, 잘 저어준다.

21

누가가 벗겨지기 쉬운 상태가 되어 냄비 바닥이 보이면 불을 끈다.

> 덜 구워진 게 있다면 몇 분 정도 더 구운 다음 확인해본다.

22

18의 반죽 위에 누가를 붓는다.

23

고무 주걱을 이용해 반죽 전체에 누가를 펴 바른다. 아몬드가 어느 한군데에 몰리지 않도록 얇게 펴고, 반죽 가장자리의 안쪽 5mm 지점까지 깔끔하게 바른다.

24

170도로 예열한 오븐에서 15분간 굽는다. 겉면에 바른 누가가 끓으며 색이 짙어지고 기포가 투명해지면 다 구워진 것이다.

＊ 가장자리 부분은 덜 구워지면 먹을 때 이에 달라붙으므로, 색이 짙어지더라도 제대로 굽는다.

25

다 구워졌으면 가볍게 식히고, 손으로 만질 수 있을 정도가 되면 오븐 시트를 깔아둔 작업대 위에서 팬을 뒤집어 꺼낸다.

26

누가가 식어서 굳어지기 전에 자른다. 가장자리를 잘라내고, 자를 대어 원하는 크기만큼 표시를 한다.

27

톱니날 칼을 이용해, 반죽을 살짝 누르면서 잘라준다.

Arrange
참깨 플로랑탱 ● 아몬드 플로랑탱을 참깨로 응용했습니다. 타르트 틀을 써서 구워도 됩니다.

❙ 재료 ❙ 28 x 24cm 오븐 팬 크기 1개분

● 누가

B
그래뉴당…79g
물엿…20g
벌꿀…16g
생크림…50g
무염버터…10g
흰깨…42g
검은깨…20g

반죽은 84쪽 '아몬드 플로랑탱' 참조

❙ 사전준비 ❙

· 84쪽 '아몬드 플로랑탱'과 동일하게 준비한다.

❙ 만드는 방법 ❙

1 84~85쪽의 **1~18**번 과정을 참조해 반죽에 아무것도 넣지 말고 굽는다. 위의 **19**번 과정을 참조해 깨를 제외한 누가 재료를 냄비에 넣고 끓을 때까지 가열해 졸인다.

2 끓기 시작하면 깨를 넣고, 잘 섞어준다.

3 위의 **21~27**번 과정을 참조해 누가를 부어주고, 구운 다음에 꺼내 자른다.

47.
엥가디너engadiner

스위스 엥가딘 지역의 전통 과자입니다. 호두를
듬뿍 넣은 누가는 그야말로 일품입니다. 누가를
사르르 녹는 식감의 쿠키로 감싸서, 먹고 나면
포만감이 듭니다.
만드는 방법 ⇒ 90쪽

48.
잼 샌드

푹신푹신한 반죽 사이에 잼을 넣어 만든, 케이크 같은
쿠키입니다. 크럼블 위에 슈거 파우더를 뿌려주면 고급스럽게
완성됩니다. 잼은 좋아하는 종류를 골라서 넣어주세요.

만드는 방법 ⇒ 92쪽

47.
엥가디너

| 재료 | 24 x 28cm 오븐 팬 크기 1개분

● 반죽
무염버터…163g
슈거 파우더…144g
달걀…67g
아몬드 파우더…72g
박력분…346g

● 호두 누가
그래뉴당…165g
A ┌ 물엿…60g
   ├ 생크림…90g
무염버터…150g
호두…200g

달걀물(달걀 60g + 달걀노른자 20g + 우유 약간)

| 사전준비 |

· 버터와 달걀은 실온 상태로 준비한다.
· 달걀은 필요한 분량만큼 계량해 잘 풀어둔다.
· 슈거 파우더와 박력분은 각각 체에 내려둔다.
· 호두를 170도로 예열한 오븐에서 10분간 굽고 열기를 식힌 다음 손으로 부순다.
· 달걀물 재료를 볼에 넣고 잘 섞어서 체에 거른다.
· 오븐 팬 바닥 크기에 맞춰서 오븐 시트를 자른다.
· 누가용 오븐 팬에 오븐 시트를 깐다.

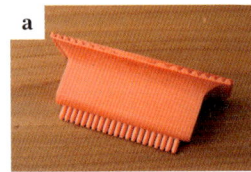

데커레이션 콤 decoration comb
반죽에 무늬를 넣을 때 쓰는 도구. 예쁘게 완성할 수 있어서 하나쯤 가지고 있으면 편리하다.

1 14~15쪽 '플레인 쿠키'의 **1~15**번 과정과 동일하게 반죽을 만든다. 반으로 나누어, 하나는 오븐 팬과 같은 크기로 편다. 나머지 하나는 오븐 팬보다 가장자리가 더 나오도록 좀 더 크게 편다. 작업대에 올린 채로 냉장실에 넣어 30분간 휴지시킨다.

2 냄비에 그래뉴당을 약간 넣고 중불에 올린다. 한 번씩 냄비를 움직이면서, 그래뉴당이 녹아서 투명해지면 조금씩 더 넣고 태운다. 캐러멜 같은 색이 나면서 작은 기포가 올라오기 시작하면 불을 끈다.

3 또 다른 작은 냄비에 **A**를 넣고 살짝 데운 다음 2에 넣고, 이 이상 열이 가지 않게 하며 색을 유지한다.

4 버터를 넣고, 나무 주걱으로 섞어 유화시킨다.

5 호두를 넣는다.

6 다시 한번 불에 올려, 잘 휘저어주면서 졸인다. 온도계로 온도를 재면서 계속 가열하다가 108도가 되면 불을 끈다.

7

오븐 팬 위에 붓고, 실온에서 식힌다.

8

열기가 빠지면 시트의 양 끝을 잡고 누가 끝을 접어서 오븐 팬보다 1cm 안쪽으로 오게끔 모양을 정돈한다. 네 변을 모두 접고 냉장실에 넣어 식힌다.

9

오븐 팬과 동일한 크기로 편 반죽에 솔로 달걀물을 바르고, 냉장실에 20분가량 넣어 겉면을 말린다.

10

또 다른 오븐 팬을 준비한다. 85쪽 '아몬드 플로랑탱'의 **13~14**번 과정을 참조해, 오븐 팬보다 가장자리가 더 나오는 크기로 펼친 반죽을 깐다.

11

오븐 팬 측면까지 반죽을 잘 깔아주고, 반죽 전체에 포크를 이용해 공기구멍을 내준다.

12

8이 다 굳었으면 뒷면(평평한 면)이 위로 올라오게 뒤집어 반죽 위에 얹는다.

13

9에 다시 한 번 달걀물을 바르고, 데커레이션 콤(**a**, 가지고 있지 않을 경우는 포크)을 이용해 무늬를 그려준다.

14

13을 위에 덮는다.

노릇노릇해졌는지 확인했을 때 색이 연하다 싶으면 몇 분간 더 굽는다.

15

위에 덮은 반죽의 가장자리를 안으로 밀어 넣어 누가를 감싸듯이 한 다음, 밑에 있는 반죽 측면을 덮는다.

16

스크래이퍼로 측면의 반죽을 안쪽으로 눌러, 위에 덮은 반죽에 바른 달걀물로 반죽을 서로 붙여준다.

17

대꼬챙이로 몇몇 군데를 찔러서 공기구멍을 내주고, 170도로 예열한 오븐에서 30분간 굽는다. 다 구워졌으면 꺼낸 다음 오븐 팬에 놓은 채로 식힌다.

18

완전히 식었으면 가장자리를 잘라내고, 자를 대고 원하는 크기만큼 표시한 다음 톱니날 칼로 자른다.

48.

잼 샌드

| 재료 | 24 x 28cm 오븐 팬 크기 1개분

무염버터…200g

슈거 파우더…240g

A ┌ 달걀노른자…72g

└ 달걀…72g

소금…0.6g

박력분…320g

● 크럼블

무염버터…75g

B ┌ 그래뉴당…75g

│ 아몬드 파우더…35g

│ 박력분…75g

└ 소금…0.3g

좋아하는 잼…250~280g

슈거 파우더…적당량

| 사전준비 |

· 반죽용 버터, 달걀은 실온 상태로 준비한다.

· 크럼블용 버터는 냉장고에 넣어 차갑게 만들어둔다.

· 달걀은 필요한 분량만큼 계량해, **A**를 섞어서 잘 풀어둔다.

· 슈거 파우더와 박력분은 각각 체에 내려둔다.

· 오븐은 170도로 예열한다.

· 오븐 팬에 오븐 시트를 깐다.

· 비닐 시트 2장에 오븐 팬 크기를 알아볼 수 있게 표시해 둔다(**a**).

1

볼에 버터를 넣고, 고무 주걱으로 젓는다.

2

슈거 파우더를 넣고, 공기가 들어가지 않도록 주의하면서 고무 주걱으로 반죽을 누르듯이 섞어준다.

3

A를 3~5번에 나누어 조금씩 넣고, 그때마다 잘 섞어서 유화시킨다.

4

소금을 넣고, 박력분을 한 번에 넣은 다음 고무 주걱으로 반죽을 자르듯이 두 번 섞고 세 번째에 반죽을 뒤집는다. 하나, 둘, 셋 일정한 리듬에 따라 반죽을 치대지 말고 잘 섞어준다.

5

더 이상 가루가 보이지 않고 반죽이 고무 주걱에 달라붙어 섞기가 힘들어지면, 고무 주걱의 평평한 면을 이용해 반죽을 앞으로 조금씩 무너뜨리면서 옮긴다. 반죽 전체가 덩어리 없이 매끈해지게 만든다.

6

반죽을 윗면용 350g과 밑면용 500g으로 나누고, 각각 비닐 시트에 넣는다.

7

윗면용 시트는 가장자리를 표시해둔 것에 맞추어 아래로 접고, 반죽을 네모나게 편다. 반죽이 부드러운 만큼 밀대를 이용해 두께를 균일하게 정리한다.

8

윗면용 반죽을 다 편 모습이다.

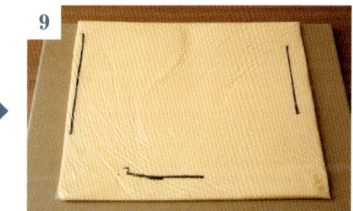

9

밑면용 반죽은 표시해둔 것보다 가장자리가 좀 더 나오게 반죽을 편다. 반죽 두 장을 평평한 판 위에 올려 냉장고에 1시간가량 넣고 굳힌다.

10

크럼블을 만든다. 차가운 버터를 1cm 폭으로 깍둑썬다. **B**를 볼에 넣고, 버터를 넣은 다음 손으로 부수면서 풀어준다. 큰 버터 덩어리가 만져지지 않으면 다 된 것이다.

11

밑면용 반죽을 작업대에 올리고, 오븐 팬 크기를 표시해둔 것에 맞춰 남는 부분을 잘라낸다.

12

잘라낸 밑면용 반죽을 오븐 팬에 올리고, 모서리 부분을 눌러서 평평하게 깔아준다.

13

12에서 남은 가장자리 반죽을 오븐 팬의 측면에 붙이고, 손가락으로 반죽이 빈틈없이 서로 잘 붙도록 눌러준다.

14

잼을 올려서 반죽 전체에 고루 펴준다.

15

윗면용 반죽을 덮는다.

색이 노릇노릇해졌는지 확인해보고, 덜 구워졌다면 몇 분간 더 굽는다.

16

가운데에 있는 잼을 위아래의 반죽으로 감싼다는 느낌으로, 측면의 반죽을 스크래이퍼로 잘 눌러서 빈틈없이 정돈한다.

17

위에 크럼블을 올려 전체적으로 고르게 뿌린 다음 170도로 예열한 오븐에서 30분간 굽는다. 꺼낸 뒤엔 충분히 식힌다.

18

완전히 식었으면 가장자리를 잘라낸 다음, 자를 대고 원하는 크기만큼 표시해서 톱니날 칼로 자른다. 슈거 파우더를 체에 걸러 위에 대고 뿌려주면 완성.

박력분
여러 종류가 있는데, 구할 수 있는 것을 쓰면 됩니다. 이 책에서는 '슈퍼 바이올렛super violet' 박력분을 사용합니다.

달걀
계량해서 쓰기 때문에 크기는 어떻든 상관없습니다. 제대로 잘 풀어준 다음 계량하세요.

강력분
보슬보슬한 가루로 손에 잘 달라붙지 않아서, 덧가루로도 사용합니다.

버터
과자를 만들 때는 무염버터를 사용합니다. 특히 갈레트처럼 버터의 향을 즐기는 쿠키라면 발효버터를 사용합니다.

기본 재료

여러 가지 쿠키에 들어가는 기본 재료입니다. 슈퍼마켓이나 제과재료점 등에서 손쉽게 구할 수 있는 것들입니다. 먹고 싶어질 때 바로 만들 수 있어요.

참기름
향이 거의 없고 다른 재료들의 풍미를 해치지 않는, 볶지 않은 참기름(흰색)을 사용합니다. 일반 요리에도 쓸 수 있어 한 병쯤 가지고 있으면 편합니다.

베이킹파우더
과자를 만들 때 쓰는 팽창제. 사블레처럼 두툼하게 굽는 쿠키에 아주 살짝 넣습니다. 다른 가루 종류와 같이 체에 내려서 씁니다.

아몬드 파우더
무염 아몬드를 분말로 만든 것입니다. 식감과 풍미를 달리하고 싶을 때 넣으면 됩니다.

슈거 파우더
입자가 곱고 보슬보슬한 가루 설탕. 옥수수 전분이 들어가 있지 않은 순수 슈거 파우더를 사용합니다.

그래뉴당
상등백설탕보다 결정이 크고, 무난한 특징의 설탕. 반죽에 넣을 때뿐 아니라 마무리용으로 겉면에 뿌려서 굽는 등 다양한 용도로 활용할 수 있습니다.

생크림
반죽에 넣으면 풍미가 진해집니다. 지방 성분 38%의 매끈한 생크림을 사용합니다.

우유
성분을 따로 조정하지 않은 우유를 사용합니다. 만드는 방법에 따라 온도를 조절해서 쓰세요.

소금
입자가 너무 굵지 않은 소금을 쓰는 것이 좋습니다. 손가락으로 소량만 살짝 집어 반죽에 넣어도 풍미를 돋워줍니다.

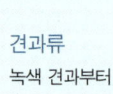

견과류
녹색 견과부터 시계방향으로 피스타치오, 헤이즐넛, 아몬드, 피칸 너츠, 호두입니다.

기본 도구

하나씩 갖추고 싶은, 쿠키를 만드는 작업을 도와주는 도구들입니다.

볼
반죽은 대부분 볼 하나로 만들 수 있으니 지름 18~23cm 정도 크기의 볼 하나, 그리고 달걀 같은 재료를 계량할 수 있도록 그보다 한 치수 작은 볼이 있으면 편합니다.

고무 주걱
반죽에 공기가 들어가지 않게 하면서 섞을 때 고무 주걱을 사용합니다. 주걱 부분과 손잡이가 일체형인 것이 사용하기 편해서 추천합니다.

거품기
반죽에 공기를 넣으면서 저을 때는 거품기를 사용합니다. 반죽에 따라서 핸드믹서를 쓰기도 합니다.

스크래이퍼
반죽을 뭉치거나, 옮기거나, 자를 때 등등 다양한 용도로 사용합니다.

저울
달걀, 슈거 파우더 등 쿠키를 만들 때 계량은 필수입니다. 0.1g 단위까지 잴 수 있는 전자저울을 사용하면 정확하게 잴 수 있습니다.

온도계
엥가디너의 누가를 졸일 때 필요합니다. 200도까지 측정 가능한 것이 좋아요.

밀대
반죽을 늘이거나 감아서 옮길 때 등 쿠키를 만들 때 빠질 수 없는 도구 중 하나입니다.

자
반죽이나 다 구워진 쿠키를 자를 때는 자를 대고 표시를 한 다음 자릅니다.

각봉
반죽의 두께를 균일하게 펼 때 쓰는 도구. 두 개 사이에 반죽을 놓고, 각봉 위에 밀대의 양 끝을 걸친 다음 반죽을 펴줍니다. 4mm, 1cm 등 다른 두께 종류가 있으면 편리합니다.

오븐 시트
오븐 팬에 반죽이 달라붙는 것을 방지합니다. 가게에서는 여러 번 사용 가능한 것을 씁니다.

짤주머니와 깍지
짤주머니는 씻어서 여러 번 다시 쓸 수 있는 종류를 사용합니다. 깍지는 원형, 별 모양 등 몇 가지 종류를 마련해두면 다양한 응용을 할 수 있습니다.

테프론 시트
그물망 형태에 가공이 들어간 내열 시트. 여분의 유지방과 수분 등이 그물망을 통해 빠지므로 반죽이 바삭해집니다. 특히 얇은 반죽이라면 깔끔하게 구워집니다.

스패츌러
오븐에서 구운 쿠키를 꺼낼 때 사용합니다. 하나씩 노릇노릇해졌는지 확인하면서 오븐 팬에서 꺼낼 수 있어, 가지고 있으면 작업 효율이 향상됩니다.

톱니날 칼
오븐 팬 쿠키를 자르거나 할 때 사용하는 나이프. 다루기 편한 짧은 종류와 커다란 상태에서 조각조각 자를 수 있는 긴 종류를 둘 다 갖추고 있으면 편리합니다.

과자공방 루스루스
아사쿠사점(위 사진)
도쿄도 다이토구 아사쿠사 3-31-7

히가시아자부점(아래 사진)
도쿄도 미나토구 히가시아자부 1-28-2
http://www.rusurusu.com/

자꾸만 만들고 싶은
쿠키책

1판 1쇄 인쇄   2018년 3월 19일
1판 1쇄 발행   2018년 3월 26일

지은이 닛타 아유코 ● 옮긴이 송혜진
실용본부장 박재성 ● 책임편집 손혜인 ● 편집 이나리, 손혜인, 박인애 ● 영업 김선주 ● 커뮤니케이션 플래너 서지운
지원 고광현, 김형식, 임민진 ● 디자인 나은민 ● 인쇄 · 제본 민언프린텍

펴낸곳   한스미디어(한즈미디어(주))
　　　　주소　　 121-839 서울시 마포구 양화로 11길 13(서교동, 강원빌딩 5층)
　　　　전화　　 02-707-0337
　　　　팩스　　 02-707-0198
　　　　홈페이지 www.hansmedia.com

출판신고번호 제313-2003-227호 | 신고일자 2003년 6월 25일

ISBN 979-11-6007-241-9 13590

책값은 뒤표지에 있습니다.
잘못 만들어진 책은 구입하신 서점에서 교환해 드립니다.

KASHI KOBO RUSURUSU KARA ANATA NI TSUKURI TSUZUKETAI COOKIE NO HON
by Ayuko Nitta

Copyright ⓒ 2016 Ayuko Nitta, Mynavi Publishing Coporation
All rights reserved.
Original Japanese edition published by Mynavi Publishing Coporation
This Korean edition is published by arrangement with Mynavi Publishing Coporation,
Tokyo in care of Tuttle-Mori Agency, Inc., Tokyo through Botong Agency, Seoul.

STAFF　 제작 협력 닛타 마유코 ● 디자인 후쿠마 유코 ● 촬영 후쿠오 미유키
　　　　취재 모리야 카오루 ● 편집 사쿠라오카 미카

Special Thanks Sasaki maki, Yamane tetsuya, rusurusu staff